张辉 著

闽作

明清家具研究

上

MINZUO MINGQING JIAJU YANJIU

中国林业出版社

图书在版编目（CIP）数据

闽作明清家具研究：上、下 / 张辉著. -- 北京：中国林业出版
社, 2021.10
ISBN 978-7-5219-1151-0

Ⅰ. ①闽… Ⅱ. ①张… Ⅲ. ①家具 – 研究 – 中国 – 明清时代 Ⅳ.
①TS666.204

中国版本图书馆CIP数据核字(2021)第085355号

责任编辑：樊　菲
封面照片：北京元亨利古典家具示范馆
封面设计：知　凡　张　弘

出版　中国林业出版社（100009　北京市西城区德胜门内大街刘海胡同 7 号）
　　　https://www.forestry.gov.cn/lycb.html　电话：（010)8314 3610
发行　中国林业出版社
印刷　北京利丰雅高长城印刷有限公司
版次　2021 年 10 月第 1 版
印次　2021 年 10 月第 1 次印刷
开本　889mm×1194mm　1/16
印张　33.25
字数　900 千字
定价　498.00 元

作者简介

毕业于山东大学历史系考古专业，先后任职河北省博物馆、河北教育出版社。1994年后，在北京多家出版社任策划组稿编辑，并创建北京紫都苑图书发行公司。著有《曾国藩之谜》（经济日报出版社），整理《曾国藩全集》（中国致公出版社），主编《中国通史》（中国档案出版社）、《中国名画全集》（京华出版社）、《古董收藏价格书系》（远方出版社）等著作。

从2000年开始，从事明清家具、文玩古董收藏和研究，将考古学、人类学、图像学、历史学之方法论引入家具研究。现为三家专业艺术媒体专栏作家。先后出版《明式家具图案研究》（故宫出版社）、《明式家具器型研究》（故宫出版社）、《中国家具日历2020》（中国林业出版社）、《中国家具日历2021》（中国林业出版社）。

序 一
闽作家具考古记

"东风夜放花千树，更吹落，星如雨。"如今，闽作家具的绚丽画卷被重新打开，给人的感受就是如此。但说来简单的"重新打开"，却是一段多么悠远难测的历程。

过往的明式家具话语中，仅仅叙说了苏作家具。在繁华与喧闹中，闽作家具一直缄默无声，像一座沉默而隐蔽的古城遗址，被堆压在古史地层中。虽然，偶尔在翻动土层时，有人感知到它的碎瓦残砖。但闽作家具作为一个完整的家具制作体系，被忽略或者说被隐藏。在社会层面上，它近乎隐形。在绝大多数行家和专业人士的认知中，它也面目不清。没有记录的文明很尴尬，往往会被以为是乌有的。

闽作家具曾经是一个生机勃勃的百花园，历经二三百年的风雨之后，它变得陌生而遥远，成为被森林掩盖的"吴哥古迹"，空寂无语。它如同一个虚无缥缈的神话，似有还无。

找回它，去发掘一片沉寂已久的"新大陆"，这多么令人兴奋！

在开始明式家具相关课题的研究写作两年后，即2014年，笔者开始闽作明式家具问题的梳理；2016年，写出了《闽作与苏作——论明式家具的两大重镇》，首次从学术层面上提出了"闽作家具"这一概念。

> 闽作家具，也被称为"闽式家具"，诞生于福建地区，主要是福建沿海的漳州、泉州、福州、莆田仙游等地区。而苏作家具主

要产生于长江三角洲或太湖流域，这是明清时期全国经济最发达的地区。此外，南通、徽州等地的家具也属于苏作家具的范畴。

早年古董从业者为保护商业机密，许多黄花梨器物出自福建地区的实情被隐瞒。致使人们只谈论古家具的苏、广、京三作，闽作家具却一直无闻于世，连概念都未形成。名分尚无，遑论其他。实际上，闽作、苏作是明式家具的两大重要系统，广作是清早中期的后起者，而"京作"的说法可能在历史上存在着误解。据笔者考证，明式家具、清式家具在北京地区没有系统的生产基地，产品依靠外地输入。[①]

王世襄说："概括地说，生产精制的硬木明式家具的时代和地区，可以缩短成一句话——它主要是晚明至清早期，尤其是十六、十七两个世纪苏州地区的制品。"[②]多少年来，已形成约定俗成的说法，明式家具仅仅出自江浙地区。学术界的眼光一直将明式家具的产地锁定在江南，明式家具的文化背景更是以苏州文人、苏州园林为主轴，进行描绘。

"闽作家具"概念的提出，在传统的古家具知识框架中如同捅出一个窟窿。以致于当时大多数的资深家具人感到莫名其妙，甚至有人第一反应是恼怒，认为这是在胡言乱语。也非常正常，因为此说法颠覆了行业内几十年的固化认知。

---

① 张辉：《闽作与苏作——论明式家具的两大重镇》，雅昌艺术网《张辉专栏》。
② 王世襄：《明式家具研究》（文字卷），三联书店（香港）有限公司，1989，第25页。

尽管此说法有人疑惑，有人反对，但也有人强烈地回应，"闽作明式家具""闽作家具"就此成为各类媒体上的热词，相关选题也纷纷浮出水面。

几百年来，闽作家具实物流离他乡，多少件已在千里万里之外。已曝光的明式家具资料，不可谓不多，其中，哪件属闽作、哪件是苏作？如果这些细节问题模糊不清，"闽作家具"就仅仅是一个名字。仅有以上一篇文章以及文中所列的几件代表作品，这好比是提出了一个考古课题，道出了悬疑公案的一条线索。而想要确立闽作家具是一个体系，则需要更多具体的文字、翔实的细节。只有在各类家具资料中，大规模地确定甲、乙、丙、丁……曾经在闽地制作，并道出根据，才是"人证""物证"齐全。

闽作家具沉案迷蒙，要拿出可信度极高的证据，需用多少实例呀！笔者几年的追索，一路扑朔迷离，一路挫折迷茫，近乎山穷水尽。但终究，柳暗花明，豁然开朗。

关于本书中每件家具的认定，简而言之，依仗实地实物考察、登门访问行家和考古类型学的理论指导。

一、实地实物考察。多年来，笔者不断地走访福建、广东、上海、北京，徘徊于古旧家具卖场和各种古典家具拍卖会的展场，对实物进行观摩、推测和问询。在民间档次较低的老家具卖场，可以更多地领略到各式各样老家具的丰姿，活色生香，琳琅满目。只是要多些辛苦，夏有暑热蚊虫，冬有冰冻风寒。参悟老家具和培养任何一种能力一样，要在足够长时间内耳濡目染、沉浸涵泳。

福建行家共识，历史上，形态优美的、与明式家具形态相同的龙眼（桂圆）木家具生产于福建地区，尤其是福建南部，地域性专一。它们是闽作家具的"标本"，同款式黄花梨、紫檀制作的属地不言自明。

根据行业经验，一般而言，一些地方性木材制作的家具有明确的地域性，例如，龙眼木家具和红豆杉家具产自福建；榆木家具、核桃木家具产自山西，前者还见于山东地区；榉木家具产自江浙、安徽，柞榛木家具产自江苏南通。可能有个别例外，但是，根据概率的原则，这些"个别例外"可以忽略不计。同样，概率原则也适用于把握明式家具器型的地域性。

海南和广东地区也有龙眼木家具，但其形态粗陋。

行家会明确看出它们身上那些当地"土作"的特点，不会将其与闽作龙眼木家具混为一谈。这样讲来，还要辩证地看待木材材质和家具的属地关系。

还有，福建地区曾经大量制作其他杂木家具（当地行家语，指柴木家具），纷繁多样，但地区特征明确。这也是重要证据，同款同式的硬木家具产地当为福建。由于闽地地域相对封闭，杂木老家具在市场上遗存甚多。它们像镜子一样，映射着相同款式硬木家具的出处。笔者进行了长久的观察及咨询，这是一种田野调查，是最基础、最根本的工作。

在此基础上，笔者大量功课是案头上的，多次通览几乎所有曝光的古家具图片资料（这仰仗友人的慷慨热情），反复甄别筛选，做出一系列的闽作家具梳理预想。

二、登门访问行家。由河北行家刘传芝先生引荐，笔者多次行走于北京、福建、上海、广东等地，拜访于行家门下，就事先准备好的资料向行家们刨根问底。曾经几次来福建，倚重这里的行家成为关键。

国家文史资料征集工作遵循"三亲"原则，即亲历、亲见、亲闻。三亲原则不局限于"历史形成的说法"，重在亲自参与、亲眼所见、亲耳听闻的当事者的讲述。在闽作家具研究中，笔者也注重行家的"三亲"，他们的"亲历、亲见、亲闻"，带着鲜活的"地气"，是要充分发掘和尊重的口述历史。这种经验可能只会发生在这一两代古家具业界人士的身上。历史给了他们机会，研究者必须谦逊地向其请教。

行家们的谈话内容往往浓缩了他们几十年从业经历的行与思。但是，商业人士的行业经验一般深藏不露。而且，他们无不忙碌。笔者每次与其接触都短暂、局促。所以，这种发掘也要充分准备，抛出的问题要问到实处、问在点上。唯有问得挑战，才能答得精彩。

某一件古家具的发现地是否就是此家具的产地？在古家具收购的高峰期，行家们走村入户、穿街进巷，对"富矿"地区进行过地毯式的搜索。按照众多从业者的经验，笔者认为，根据概率和大数据的推算，在福建各地古家具的"铲地皮"[①]中，出现相对频繁、数量众多、造型特征有规律可循的家具可以认定为闽作家具。这里，依然强调概率原则。

三、理论指导。古物的研究和梳理，要以考古类

---

① 古家具行中，将在城乡基层收购旧货的活动称为"铲地皮"。

型学[1]理论作为指导，因为这是目前学术界公认的研究器物分类和演变的方法论和学术工具。以此，可以横向归纳分类、纵向梳理演变。基础理论可以帮助找出规律，在具体操作中举一反三，触类旁通。将类型学方法与对闽作家具具体特点的分析相结合，许多问题就可以解决。

本书多方面的理论基础还来自笔者的《明式家具器型研究》（故宫出版社）和《明式家具图案研究》（故宫出版社），尤其是前者的分类、分式、分型的研究体系为本书家具分类型做了铺垫。

四、谨慎地给自己和行家留下一点狭小的空间，以进行推理、推断。根据已知实物，遵循逻辑，发挥想象力和判断力。既有一定之规，又注重感觉和感悟，审视筛选家具。

早先，笔者为了形象说明，以楚地文化与汉地文化来比拟闽作家具与苏作家具。这虽然有些巧妙，但却不太科学。因为这样比喻，闽作家具是边缘化的。实际上，闽作家具就是主流。

本书涵盖了闽作明式家具和闽作清式家具。前者为主，后者为辅。因为闽作明式家具的甄别更艰难，也更有意义。

闽作明式家具专指明晚期至清早中期这一历史阶段，在福建地区制作的，以黄花梨、紫檀为主要材料的硬木家具。[2]

明式家具的发展阶段分为四期，即早期、中期、晚期、末期，对应的年代为明晚期、明末清初、清早期、清早中期。大致的时间为：明晚期，由明嘉靖四十一年（1562年）至万历年间（1573—1620年）；明末清初，由明天启年间（1621—1627年）至清顺治年间（1638—1661年）；清早期，由清康熙元年（1662年）至康熙五十二年（1713年）；清早中期，由康熙五十三年（1714年）至乾隆十六年（1751年）。[3]

闽作清式家具则是指清中期至清末民国这一历史阶段，在福建地区，以紫檀、红木为主要材料制作的硬木家具。可以分为清中期、清晚期、清末民国三个时期。

闽作明式家具可以归纳出五个基本特点：

一、闽作明式家具于各地域、各流派硬木家具中起步最早，得海运港口便利之助。它们出生、成长在海外贸易的黄金年代和黄金地域，主要产自福建沿海地区，从南向北，依次为漳州、厦门、泉州、莆田仙游、福州等地，此为辐辏之地，发散至闽地全域。

在闽地最早出现高贵奢华的黄花梨明式家具，符合历史的逻辑。明晚期是一个少有的全球海上贸易蓬勃发展时代，多少个郑芝龙、郑成功的前辈和晚辈浪里淘金，雄悍地出没于大海。作为港口贸易的中心，东南沿海是各种珍稀物品、原材料进口和加工的重地。黄花梨家具就是其中重要的组成部分。

因此，可以说，闽地是明式家具最早的故乡。

二、受益于地缘优势，闽作家具是巨大的古家具宝库，家具样式丰沛多姿，数量不胜枚举，与苏作家具不分伯仲。在大中型器物方面，闽作家具甚至要超过苏作家具。它与苏作家具的制作成就，高下难别。

三、闽作家具用料粗硕，器型高大。得口岸之便，遂有洋木之饶，更造就了闽作家具豪放的用料方式和宏伟的形制风格。这一点明清硬木家具概莫能外。高大、雄奇成为闽作家具的突出特点。

闽作家具的形态向越来越豪华繁复发展，这是其在明清家具"第一条发展轨迹"上的表现。但是，简洁的、"棍棍板板"式的家具从始至终都存在，甚至还比较多。这是其在明清家具"第二条发展轨迹"上的表现。

四、可以说，闽作家具和苏作家具都是地域性的家具制作，各自享有自己传统的匠作规范、习惯，具有稳定性。一些闽作家具特质极强，一直顽强坚守着自己独特的器型，多年来传承有序、连续一致。

在闽作的大家具圈中，还可以分出漳州作、泉州作、莆田仙游作、福州作以及山区作等小区域家具圈，各有具体的特点。例如，漳州地区大案子的挡板基本是一段式，而莆田仙游地区多为两段式。莆田仙游的家具作品偏重线条，漳州的家具作品则彰显雕工。相对而言，沿海地区的家具风格交融性强、形态较相近；闽北山区的家具地域风格较强，制作得也粗糙一些；闽西地区的硬木家具发现得极少。

民居是地域文化中的重要因素，特色极强。从古代建筑史看，福建沿海地区的民居建筑形态独成派系，

---

[1] 考古类型学是指对收集到的实物资料进行科学的归纳、分类、比较研究的方法论，又称标型学或器物形态学。通过对考古遗存形态的排列来探求其变化规律、逻辑发展序列和相互关系。凡是具有一定的形态并且延续了一定时间的考古及其他古物遗存，都可以进行类型学研究。
[2] 明式家具作为专有的学术概念，不含大漆家具和柴木家具。
[3] 详见张辉：《明式家具器型研究》自序，故宫出版社，2020。

称为"护厝式民居"。"这种护厝式民居在福州至漳州的沿海一线采用极多,广东潮汕地区亦取这种类型的民居。"[1]同样,从古至今,福建沿海各地,在信仰、风俗、方言、民间艺术、礼仪,乃至家具制作上都保留着自己独特的风格。

闽作家具源远流长,从明晚期至清末民国,独特风格传承于硬木家具上。清早中期后,闽作清式家具更多地走向个性化,器物的区域性特征越来越明显。

五、在材料、工艺和式样上,许多闽作家具与苏作家具是相同或基本相同的,尤其是各类椅子。《史记》载:"百里不同风,千里不同俗。"但闽苏两地的家具制作工艺却与此言恰好相反,两地家具制作工艺几乎完全一样。延伸来讲,全国各地的家具制作工艺都基本一致。这其实又是一个重要的课题。

两地制品中,有许多共同的式样。两地家具虽然各具地域性特色,但一直互相交汇。在明式家具阶段,闽作家具与苏作家具同是面对差异而不断冲突、不断交流、不断变化的产物。两地形态相同的家具是相互融合对方特色的结果。当然,闽作家具更多地接受和兼容了苏作家具形态。因为当时苏地为国内时尚中心,在大江南北影响力巨大。

从年代角度看,偏早期的闽作家具与苏作家具在形态上有较大的相同性。清早中期后,各自的地方风格越发明显。清康熙二十三年(1684年),开粤、闽、松、浙四个海关,广东口岸由此兴起且日趋发达。闽地口岸逐渐边缘化了,"外贸老大"的地位逐渐被广州口岸取代。闽作清式家具则日趋走向另一种风貌,既不同于苏作家具,也不同于后起之广作家具,个性不断加强。

此书作为研究闽作家具的专著,自然特别注重论证某某作品为闽作。但另一方面,可能这件作品的款式本身又闽苏共有,这种情况在书中已被一一标注。

本书更多地着眼于闽作家具实例的梳理,也延及闽作家具自身的历史、地理、文化背景的揭示。明式家具作为特殊时代、特殊阶层的奢侈用品,仅仅进行器型研究,难免单一化。所以,带有其他学科的解释会给人更大的视野。笔者也试图在更加宏观的多维度的思考中,看待家具纷繁的个体和细节。

如果过往偶有对闽作家具的谈论,那一定是碎片的、零星的,而本书试图建立一个体系。但这仅仅是先建立一个初步的解说,闽作家具还有更辽阔的探索空间,未来的研究工作应更广泛、更细密。

家具具有实用性,也有艺术性,同时还具有人类学意义。正如苏地人今天更喜爱苏作家具,粤地人更喜爱广作家具,闽地人也更喜爱自己家乡制造的经典。它们是精神符号,可以引发人们对故乡的眷恋和共同价值的认知。

今天,是古家具最好的研究时代,资料前所未有的充沛,而年轻的阅读者又前所未有地希望看到新的学术观察和观点。作为研究者,何乐不为呢。

2020 年 4 月 25 日写于谦素斋

---

① 孙大章:《中国民居研究》,中国建筑工业出版社,2004,第118页。

序 二

明清之际的福建海洋文化历史与明式家具

打开福建地图，可见三面环山，一面临海。八闽大地①，西部、北部为山地，东南部为广阔而弯曲的海岸。此地理环境和明清之际的历史，决定了明式家具的发生、发展与福建密切相连。明式家具主要材料黄花梨、紫檀来自大陆之外，从海外舶来。它们是大航海时代的馈赠，是波澜壮阔的白银时代礼物。明中期以后，福建地区的海洋文化，是明式硬木家具出现和发展的要素和背景。谈起明式家具，势必要回首这里的海洋文化。

明代中前期，明朝廷实行严格的海禁政策，北方、江南、岭南地区的对外贸易几乎断绝。但是，明中期以后，福建漳州地区隐蔽的海外贸易和移民东南亚活动却已经势不可挡。漳州海澄县的月港因形如月亮而得名。当时，这里"僻处海隅，俗如外化"，"居民多货番善盗"，"海舶鳞集，商贾咸聚"，"农贸杂半，走洋如市，朝夕皆海，酤醉皆夷产"②。因地处偏僻，走私活动未被官署警觉，走私集团逐渐势大。嘉靖年间，此地成为我国东南地区最大的民间贸易（走私）口岸，又有"闽南大都会"之称，是当时中国沿海对外经济贸易的中心。徐晓望说：

> 明代正德、嘉靖年间是世界海上贸易发生巨变的时代，葡萄牙人与西班牙人航海来到东方，他们与在当地贸易的漳州商人接触，从而建立了对中国的贸易关系。此后，中国商品开始进入欧洲市场，其中丝绸、瓷器、白糖都得到了很高的评价，得以高价出售。可见，明代漳州商人的贡献是很大的，他们最早接触了来到南洋的欧洲人，开辟了中国与欧洲的贸易之路。③

漳州的私人海上贸易活动，一开始就带有违法走私的性质，亦商亦盗特点十分明显，官府对其自然严厉打击。但是官府连年围打，剿不胜剿。很多海商兼具海盗的身份，游走于日本、菲律宾马尼拉、中国福建之间，并对沿海地区进行侵扰。遂有"倭寇（其间多为中国海商或海盗）"一说。

民间力量强大后，至尊的朝廷也要退让，旧日的法规和价值评说也会因时因事而易。为解决朝廷财政拮据的问题，尤其是要攘除海盗，明朝廷被迫在月港开关。明隆庆元年（1567年），隆庆皇帝准福建巡抚涂泽民奏议，开福建漳州月港为对外口岸，准许民间私人对东洋、西洋进行贸易，史称"隆庆开关"。取消海禁后，"倭患"立绝，征战倭寇多年的名将戚继光被调往北方蓟州为守将。

一个闭关锁国时代结束，海外贸易新时代开始。漳州商人获得了合法经营海外贸易的权利。至万历年，月港的海上贸易达到鼎盛。万历四十五年（1617年），

① 闽江为福建最大的独流入海河流，福建古称闽地。关于八闽的来源，有两种说法。一种是：北宋时福建始分为八州，南宋分为八府、州、军，元分八路，因此有八闽之称；另一种是：福建省在元代分八路，明改为八府，所以有八闽之称。
②（明）张燮：崇祯《澄海县志》"风土志"。
③ 徐晓望：《论明代福建商人的海洋开拓》，《福建师范大学学报》2009年第1期。

漳州名士张燮所撰《东西洋考》十二卷，记载了明代中晚期与漳州月港通商的36个国家的历史、地理、风俗、物产和贸易，分西洋列国、东洋列国，可见当时贸易的兴盛。

明代崇祯年《澄海县志》记澄海县海外贸易：

> 饶心计与健有力者往往就海波为阡陌，倚帆樯为耒耜，凡捕鱼纬箫之徒咸奔走焉。盖富家以赀，贫人以庸，输中华之产骋彼远国，易其方物以归，博利可十倍，故民乐之，虽有司密网，间成竭泽之鱼，贼奴煽殃，每奋当车之臂，然鼓世相续，吃苦仍甘，亦既以惯，谓生涯无逾此耳。方夫趋舶风转，宝货塞途，家家歌舞赛神，钟鼓管弦铉连飔响答，十方巨贾竞鹜争驰，真是繁华地界。①

旵旯海湾，开关通商，犹如落下一枚至关重要的棋子，影响至深。有学者推算，隆庆开关后，至明朝结束，海外贸易让大明帝国积累了大量的财富，德国学者贡德·弗兰克估计，16世纪中期到17世纪中期的百年间，由于在欧亚贸易中，外方以白银作为支付手段，相当于全世界白银总量的三分之一，流入中国。② "如此巨额的白银流入中国，势必对中国的社会经济产生影响。出口的生丝、丝织品，主要来自太湖流域，以及以这一地区的"湖丝"为原料生产丝织品的闽广地区。大量的外销，必然带动这一地区的经济发展，明

清时代这一地区社会经济的蓬勃发展，由此可以获得索解。"③

海上贸易的发展对于中国社会经济的直接影响，一是极大地促进了晚明"近代社会转型""早期工业化"（前几十年，多以"资本主义萌芽"概念名之）的发展，二是导致福建、江浙一带手工业的极大繁荣。这两点是我们理解包括明式家具在内的晚明工艺品勃兴的另一个基础。

明代周起元说：

> 我穆庙时除贩夷之律，于是五方之贾，熙熙水国，剞舻艎，分市东西路。其捆载珍奇，故异物不足述，而所贸金钱，岁无虑数十万。公私并赖，其殆天子之南库也。④

明万历至崇祯年间，月港"货物通商旅，资财聚富商""货物亿万计"，进口的海外商品有：

> 琐服、交趾绢、西洋布、吉贝布、银钱、犀角、象牙、玛瑙、琥珀、玳瑁、龟筒、翠羽、鹤顶、琉璃、楠香、沉得香、速香、檀香、安息香、麝香、乳香、降真香、丁香、片脑、蔷薇水、苏合油、铅、羚羊角、明角、乌角、鹿角、獭皮、马尾、孔雀尾、黄蜡、白蜡、花梨木、乌楠木、苏木、棕竹、科藤、藤黄、阿魏、没药、血竭、芦荟、铜鼓、自鸣钟、倭屏风、倭刀、玻璃

① （明）张燮：崇祯《澄海县志》"风土志"。
② （德）贡德·弗兰克：《白银资本：重视经济全球化中的东方》，刘北成译，中央编译出版社，2001。
③ 樊树志：《"全球化"视野下的晚明》，《复旦学报（社会科学版）》，2003年第1期。
④ （明）张燮：《东西洋考》，中华书局，1981，第17页。

镜、嘉文席、藤花簟、眼镜、金刚钻、鹤卵杯、燕窝、西国米、胡椒、孩儿茶、蟹肉、波罗蜜、椰子。①

可见"花梨木"、乌楠木、苏木与西洋布、犀角、象牙、玛瑙等贵重珍奇物品相提并论，由海外舶来。

当时，舶来品已渗透在富裕阶层的吃、穿、用、玩各个方面，用则花梨紫檀，食则鱼翅燕窝，玩则犀角象牙，这一切均由海外贸易而来。富裕阶层不再满足国内的物产，竞相以海外珍稀动植物制品斗奢夸豪。海外贸易与当时的奢靡风尚相互影响，也是当时社会文化、经济的一大特点。在家具使用上：

> 纨绮奢豪，以为椐木不足贵，凡床、橱、几、桌，皆用花梨、乌木、相思木和黄杨木，极其贵巧，动费万钱。②

这里提及的云间（松江）地区使用之"花梨、乌木"与福建漳州海澄县进口的货品遥相应和。

对于海商来讲，变犯禁走私为正常纳税贸易，洗黑为白，贸易量自然陡增。硬木材料从嘉靖年已经开始出现需求，不过是走私为之，到明万历至崇祯年间，可以由合法渠道大规模输入。原料得来的合法性和便利性，正是万历年间，黄花梨、紫檀等硬木家具大量涌现的主要原因。

贸易是社会的刚需，任何时候，闭关锁国都难以根绝走私贸易。海外贸易禁令从来不能完全阻断走私的通道，历代如此，明清两朝也一样。明代隆庆开关很大原因是政府向民间"私自出海"让步。

闽南商人很早就在广东海域活动。"浙粤二省的海禁一直到明代末年还很严厉——浙粤二省海禁的另一面是造就了福建人的海上优势，从此闽人独揽中国对外贸易数十年，其中又以漳州海商的势力最大。"③漳州之外，泉州、兴化（今莆田仙游）、福州等地的海商也紧跟其后。

明中期后，泉州人加入漳州海商集团，"彰泉并称"。"泉、漳二郡商人贩东西两洋，代农贾之利，比比然也。"④

明崇祯朝，月港海关被强行关闭，又沦为走私大本营。当时，泉州安平港被大海商郑芝龙占据，其海上势力越来越强，建立了自己的商队和海军，并先后在日本平户、中国台湾建立根据地，垄断了东南亚的经济贸易往来，富可敌国。泉州商人后来居上，在对外贸易中，势力又超过了漳州，他们还控制了广东沿海的贸易。

清初，厦门成为郑芝龙、郑成功父子的基地。他们也活动在漳州、泉州地区，和明鲁王⑤一起与清政府展开了长期的拉锯战。清顺治十年（1653年），清军围攻厦门的郑成功，郑氏挥师台湾，从荷兰人手中收回台岛。在今天的语境中，郑成功是民族英雄。

明弘治十一年（1498年），太监邓某到福建督管海上贸易事务，却接受外人贿赂，将该地租出，建造新

① （明）张燮：崇祯《海澄县志》"风土志"。
② （明）范濂：《云间据目抄》卷二《记风俗》，江苏广陵古籍刻印社，1983。
③ 徐晓望：《论明代福建商人的海洋开拓》，《福建师范大学学报》2009年第1期。
④ （清）顾炎武：《天下郡国利病书》卷九十六《福建六·傅元初请开洋禁疏》，上海古籍出版社，2012。
⑤ 朱以海，明太祖朱元璋十世孙，鲁荒王朱檀九世孙。

港，人称"番船浦"。当时，福州港湾中番船密集，桅杆林立。倭寇时期，有更多的福州人成为海盗商人。

兴化府（今莆田、仙游）北近福州府，南接泉州府，故其语言、建筑及海外贸易文化都融合了闽东和闽南特色。

美国历史学家杜兰特说：地理好比是历史所在的子宫，哺育着历史，规范着历史。贸易和口岸造就和繁荣了城市。城市成为加工制造基地，是艺术品和手工艺品的制作平台。木材进口的重要口岸自然也成为家具制作的重镇。月湾当时就有"小苏州"之称，可见已是发达的加工生产、消费性的城镇。在"闽南大都会"和隆庆开关的背景下，闽作明式家具走出了自己的一片天地。福建沿海地区由家具原料进口口岸进一步被孵化成得天独厚的加工生产重镇。

北宋文学家曾巩在《道山亭记》中言："麓多枭木，而匠多良能，人以屋室巨丽相矜"。木多而匠能，匠能而屋丽，家具何尝不是如此。福建当地的象牙雕刻艺术的发展也是如此。明晚期，福建地区进口象牙，从而成为象牙艺术品的雕刻制作中心。《遵生八笺·燕闲清赏》记："闽中牙刻人物工致纤巧。"[1]明崇祯年间的《漳州府志》载："漳州人以舶来象牙雕制仙人像以供赏玩，其耳目肢体均生动逼真，海澄所造尤为精工。"[2]

明末清初，福建沿海城市为全国最重要的口岸，福建成为明式家具最大、最早的生产基地。同样的，清康熙二十三年（1684年）在广州重新开关，导致广作家具勃兴。广州在清中期后成为宫廷的家具"南库"，执整个清式家具制作之牛耳。再向后看，鸦片战争后，上海开埠，逐渐成为制造和文化中心，苏州自明代以来的文化中心地位被取代。在清末民国时期，红木家具的生产重镇一个是上海，另一个是广东。这都与港口的近水楼台相关。

明清社会转型的重要窗口就在东南口岸，这也合乎前人对文明发展的论述。法国历史学家费尔南·布罗代尔在《文明史纲》中指出："没有一种文明可以毫不流动地存续下来；所有文明都通过贸易和外来者的激励作用得到了丰富。"[3]对于任何一个文化体，对外贸易和文化交流都是其更新和发展的巨大动力。就中国传统家具而言，几次重大的变革均与开放的贸易和对外的交流密切相连。

宋代，中国传统家具完成了由"席地而坐"到"高足垂坐"的彻底转变，是中原地区对北方游牧民族文化和佛教文化吸收的结果，可称为中国历史上的"第一次家具变革"，是低型家具向高型家具的飞跃。

明晚期，对硬木的大量进口和使用为"第二次家具变革"，这是中国传统家具在材质上的进步。

清末民国，出现了"第三次家具变革"。西洋家具风格和特色被大量借鉴和融合，"西式"家具异军突起，成为新的时尚，其工艺更复杂，难度更大，一枝独秀。其舒适性和实用性为沿海地区居民带来新的体验。

20世纪80年代后，出现了"第四次家具变革"。以现代主义为基本底色的各种设计纷至沓来，同时，在极简主义审美观念下，中国人回归对明式家具和仿明式家具的热爱。

---

① （明）高濂：《遵生八笺》，黄山书社，2010。

② （明）谢彬：崇祯《漳州府志》。

③ （法）费尔南·布罗代尔：《文明史纲》，肖昶、冯棠、张文英等译，广西师范大学出版社，2001。

目 录

上 册

序 一
序 二

第一章 柜橱类·······························**001**
第一节 圆角柜式························ 002
一、圆腿（柜框）型···················· 004
二、方腿（柜框）型···················· 009
三、瓜棱腿（柜框）型················011
四、细长铜拉手型···················· 013
五、方角柜框型······················ 021
第二节 方角柜式······················ 023
一、直足型························ 023
二、马蹄足型······················ 029
三、架托型························ 031
第三节 碗柜式························ 032
第四节 茶柜式························ 036
第五节 闷户橱式······················ 038
一、单抽屉型······················ 039
二、联二橱型······················ 041
第六节 佛龛神龛式···················· 042
一、佛龛型························ 042
二、神龛型························ 044

第二章 架格类·······························**051**
第一节 横向格板式···················· 052
一、四面敞开型······················ 052
二、栏杆型························ 055
三、背板型························ 059

第二节 多宝格式······················ 060
一、几架型························ 060
二、柜门型························ 062
第三节 亮格柜式······················ 066
一、直腿型························ 066
二、三弯腿型······················ 068

第三章 床榻类·······························**073**
第一节 榻 式························ 074
一、四面平型······················ 074
二、变体四面平型···················· 075
三、八足型························ 076
四、直腿马蹄足型···················· 077
五、小挖马蹄足型···················· 078
六、圆裹圆罗锅枨型·················· 080
七、直牙板直牙头型·················· 081
第二节 罗汉床式······················ 082
一、罗锅枨曲线围子型················ 082
二、宽外翻边围子型·················· 095
三、直腿马蹄足型···················· 097
四、直腿直足型····················· 100
五、鼓腿型························ 101
六、直圆腿型······················ 103
七、套框扇活型····················· 105
第三节 架子床式······················ 106
一、如意足型······················ 106
二、直腿马蹄足型···················· 108
三、四面平和变体四面平型············114

四、鼓腿型·······················116

五、三弯腿卷云纹足型··············117

六、螭龙头爪（狮头虎爪）纹三弯腿型·······119

七、直腿圆裹圆型··················126

第四节　拔步床式··················127

第四章　椅凳类·······················129

第一节　交椅式····················130

第二节　四出头官帽椅式············132

一、圆出头壶门牙板型··············132

二、圆出头直牙板券口型············135

三、圆出头直牙头型················136

四、平切出头壶门牙板型············140

五、平面出头直牙头型··············143

六、平面出头罗锅枨型··············144

七、平面出头罗锅枨搭脑型··········146

八、直搭脑型······················147

九、方料罗锅枨搭脑型··············148

十、平面出头束腰型················152

十一、两出头型····················153

第三节　灯挂椅式··················155

一、圆棍搭脑型····················155

二、罗锅枨搭脑型··················156

第四节　圈椅式····················157

一、扶手出头壶门牙板型············157

二、扶手出头罗锅枨型··············161

三、扶手出头洼堂肚牙板型··········164

四、扶手出头束腰型················165

五、靠背板变化型··················166

六、扶手不出头罗锅枨加矮老型······167

七、扶手不出头竖棖靠背型··········171

八、扶手不出头竹节纹型············172

九、扶手不出头壶门牙板型··········173

十、扶手不出头攒接券口型··········174

十一、扶手不出头马蹄足型··········175

第五节　南官帽椅式················176

一、头枕搭脑壶门牙板型············176

二、头枕搭脑罗锅枨型··············178

三、头枕搭脑马蹄足型··············179

四、两弯搭脑罗锅枨型··············180

五、两弯搭脑直牙板型··············185

六、两弯搭脑壶门牙板型············186

七、两弯搭脑洼堂肚牙板型··········189

八、罗锅枨形搭脑竖棖靠背型········191

九、变异型························193

第六节　玫瑰椅式··················194

一、券口靠背型····················194

二、圈口靠背型····················198

三、屏风靠背型····················199

四、套框垛边型····················202

五、竖棖靠背型····················203

六、罗锅枨形搭脑型················205

七、上下双罗锅枨型················209

第七节　躺椅式····················210

一、固定型························210

二、抽拉型························211

第八节　扶手椅式··················212

一、扁圆头枕型····················212

二、独板靠背型····················215

三、拐子纹靠背型··················216

第九节　宝座式····················218

一、独板围子型····················218

二、攒接围子型 …………………… 221

第十节 凳墩式 …………………… 222

一、方凳型 ………………………… 222

二、圆凳型 ………………………… 235

三、鼓凳（鼓墩）型 ……………… 237

四、条凳型 ………………………… 238

下 册

第五章 案 类 …………………… 239

第一节 夹头榫案式 ……………… 240

一、光素直牙头型 ………………… 240

二、螭凤纹直牙头型 ……………… 248

三、螭龙纹直牙头型 ……………… 253

四、草叶式双牙纹型和双牙云纹型 … 254

五、卷云纹牙头型 ………………… 259

六、钩云纹牙头型 ………………… 270

七、多弧线牙头型 ………………… 286

第二节 插肩榫案式 ……………… 293

一、牙板插肩榫型 ………………… 293

二、大边插肩榫型 ………………… 296

三、折叠插肩榫型 ………………… 298

第三节 平肩榫案式 ……………… 299

第四节 替木牙头案式 …………… 304

第五节 架几案式 ………………… 308

第六节 炕案式 …………………… 313

第六章 桌 类 …………………… 315

第一节 霸王枨桌式 ……………… 316

一、束腰型 ………………………… 316

二、无束腰型 ……………………… 318

第二节 罗锅枨（加矮老、卡子花）桌式 ……… 319

一、束腰型 ………………………… 319

二、无束腰无牙板型 ……………… 331

三、直牙头直牙板型 ……………… 332

四、瓜棱腿型 ……………………… 335

五、竹节竹叶纹型 ………………… 339

第三节 四面平桌式 ……………… 340

一、牙板四面平型 ………………… 341

二、无牙板四面平型 ……………… 348

三、变体四面平型 ………………… 353

第四节 一腿三牙桌式 …………… 358

第五节 双牙云纹桌式 …………… 363

第六节 垛边圆裹圆桌式 ………… 364

第七节 垛边竹节纹式 …………… 370

第八节 展腿桌式 ………………… 373

一、整腿（不可拆分）型 ………… 373

二、活展腿（可拆分）型 ………… 375

第九节 方腿圆做桌式 …………… 376

第十节 矮束腰桌式 ……………… 377

第十一节 立面打洼桌式 ………… 381

第十二节 三弯腿桌式 …………… 386

第十三节 宽窄牙板桌式 ………… 389

第十四节 矮马蹄足桌式 ………… 393

第十五节 高马蹄足桌式 ………… 395

第十六节　内卷球足桌式 ················· 398

第十七节　如意云纹足桌式 ············· 399

第十八节　棋桌式 ························· 400

第十九节　拼圆桌和半圆桌式 ········· 401

一、半圆桌型 ····························· 401

二、拼圆桌型 ····························· 404

第二十节　变异性桌式 ················· 409

第二十一节　炕桌炕几式 ············· 417

一、三弯腿卷云纹足型 ················· 417

二、三弯腿外卷球足型 ················· 421

三、三弯腿螭龙头爪（狮头虎爪）纹型 ··· 423

四、直腿马蹄足型 ······················ 426

五、板腿几型 ····························· 427

第七章　香几类 ························· 429

第一节　圆香几式 ······················ 430

一、三弯腿圆型 ························· 430

二、鼓腿型 ····························· 434

第二节　方香几式 ······················ 436

一、直腿型 ····························· 436

三、三弯腿型 ··························· 440

第八章　屏风类 ························· 449

第一节　插屏式 ························· 450

第二节　落地座屏式 ··················· 454

第三节　围屏式 ························· 460

第九章　架类 ··························· 471

第一节　镜架镜箱式 ··················· 472

一、折叠镜架型 ························· 472

二、折叠镜箱型 ························· 475

三、官皮箱镜台型 ······················ 476

第二节　火盆架式 ······················ 478

第三节　衣架式 ························· 479

第四节　洗脸盆式 ······················ 481

第五节　灯架式 ························· 482

第六节　天平架式 ······················ 483

第十章　箱类 ··························· 485

第一节　官皮箱式 ······················ 486

第二节　提梁盒式 ······················ 490

第三节　多抽屉箱（药箱）式 ········· 492

第十一章　小件 ························· 495

第一节　笔筒式 ························· 496

第二节　案上几案式 ··················· 499

第三节　承盘式 ························· 502

第四节　小宝座式 ······················ 503

第五节　拜帖盒式 ······················ 504

第六节　香炉式 ························· 505

引用文献

鸣　谢

后　记

第一章
柜橱类

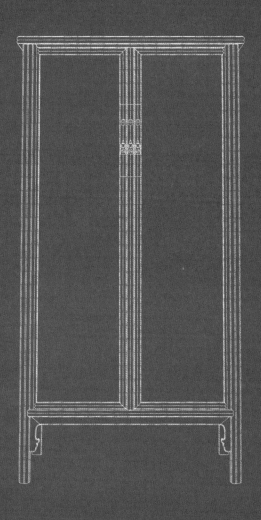

柜橱类包括圆角柜、方角柜、碗柜、闷户橱、佛龛、神龛等。

在福建地区，发现过众多方角柜，虽然发现过个别软木制作的顶箱柜（四件柜），但是几乎没有发现过黄花梨、紫檀的顶箱柜。根据概率，可认定闽作明式家具中没有顶箱柜。

第一节　圆角柜式

圆角柜又称"大小头柜"，由于柜体有侧脚而呈现上小下大的形态，因而得此名。这种上紧下舒的处理，带来稳定的视觉效果。柜帽喷面使上部宽度加大，侧脚导致的收缩感又被释放。所以，它比方角柜更富有变化性和优雅感。

圆角柜是明式家具中形态最为稳定的器型，出现极早，但一直变化发展极小。圆角柜中的大多数器物难以作历时性的器物排队，但个别器物上有明确的年代提示符号，可以确定其年代。

圆角柜从腿（柜框）形看，可分为圆形、方形、瓜棱形。另可细分为闩杆型、无闩杆型、柜膛型、架托型等。但这些不是平行分类，局部存在交叉，是以某个特征为依据划分的。

圆角柜有三个明显特点：

（1）木轴门，以门轴固定柜门。门轴纳入上下柜框的臼窝，双门便可以开关，无须另配铜合页接合柜门。

（2）柜腿有侧脚，左右腿外撇，柜子上小下大。门打开后，由于双门重心在门轴内侧，门可自动关合。

（3）主要通过门框、柜框（四腿）的线条完成视觉装饰。

这三点特质，成就了圆角柜的美感，但也决定了在此后的清式家具发展时期，圆角柜走向衰落的命运。在清早期以后雕饰发展的黄金时代，圆角柜没有迎来雕饰和器型的新发展，反而江河日下，制作日渐式微，成了明清家具历史舞台上最早退场的角色。为何如此？业界甚惑。

进入清早中期后，明式家具上繁复雕饰成为主流，横向纹饰开始增加，方正、平行、对称的纹饰得宠，方正的器型受到青睐。圆角柜的典型范式是侧脚明显，双门上小下大，这样就难以适应方正、平行、对称图案的装饰。侧脚形态作为上小下大的圆角柜的形式美感的重点和门扇自动关合的基础，决定了圆角柜进入清中期后，与实用及欣赏需求渐行渐远，最后只能留下美好的背影。相同道理，在清中期，原先作为主流的各类侧脚式家具也逐渐失势，慢慢地出局了。

在价值评估上，可注重圆角柜的四个细节，它们是鉴别此类器物优劣的基本要点：

（1）170厘米是一个重要的分界线，一个柜子的高度若在170厘米以上，会高于人的视线，显得修长高大。整体比例出色，是器物造型优美最重要的一点。高的圆角柜一般比例都较好。着眼于市场，170厘米以上的大型柜甚是稀有，与中小型柜价格相去甚远。

（2）柜门间有两种式样：有闩杆式样和无闩杆式样。有闩杆的圆角柜，从外观看，闩杆可使观赏面多出些许线条，柜子整体造型观感更佳。闩杆与两边的门框并排，加之铜活，使观赏面中央有凝重的装饰感。圆角柜本来就注重线条的组合展示，有无闩杆，一定程度上决定了它考究与否和审美高下。在功能上，有了闩杆，加锁更为牢固。闩杆的可拆卸结构让使用者在横向放置较大物品时更为方便。无闩杆的门被称为"硬挤门"。

（3）圆角柜外观还分有二款：一是无柜膛的，二是有柜膛的。无柜膛者双门通贯上下（"通天门""一门到底"），美观程度胜于有柜膛者。"一门到底"的柜门需要长料，其材料的物理性能也高于有柜膛的。有柜膛而视觉比例合理者尚可，若柜子矮小柜膛又过于宽大，就有比例失当之弊。

（4）从美感和工艺难度看，圆形柜腿胜于方形柜腿，瓜棱形柜腿胜于圆形柜腿。瓜棱形柜腿年份偏晚。应该注意的是，闽作的瓜棱腿形态多为双劈料形，横截面形态不如苏作丰富。

在明万历容与堂刻本《李卓吾先生批评忠义水浒传》（以下简称《忠义水浒传》）版画插图上，有圆角柜（图1-1）图像。其场景为肉铺，圆角柜靠墙放置，门间有闩杆。由此可以说，当时包括圆角柜在内的许多家具可同时在多种场景使用。

柜子制作的规矩应是左右柜门一木双开，花纹对称。两个柜门是否出自一块木料，其密度好坏、花纹如何，也是评价柜子的一个重要指标。那种纹理变幻多端，如山峰、如水波者，自然是极好的用料，统称为山水纹。

两扇门板木料花纹对称，是制作器物时的基本要求。如果两门纹理出入较大，品质便等而下之了。后人观之，还要考虑其中是否有过修配。

明式家具行道里头，有"一木一器"之说，虽有夸大成分，但在一器之上，主要看面的构件（如柜门、椅子靠背板），应选料精美，而且出自一木。如此，方可论选料、配料的匠心。在传统资料里，没见过"一木一器"这种说法，它也不符合合理配料的原则，只能作为一种理想化的追求和标准。此种追求和标准要求制造者要在配料、选料上下功夫。一器之上，木材的花纹、油性、颜色要接近。如果能做到这一点，就是做到了追求"一木一器"的标准，就是在家具材料物理之美上有所追求。

图1-1　明万历 《李卓吾先生批评忠义水浒传》插图中的圆角柜

（郑振铎：《中国版画选》，荣宝斋出版社，1958）

一、圆腿（柜框）型

这里的圆腿，是指腿子外圆内方。

1. 黄花梨螭龙纹圆角柜

黄花梨螭龙纹圆角柜（图1-2）特点：

（1）柜框、柜帽、门框均为圆材，边压窄线。

（2）柜身光素，双门间设有闩杆（"中柱"），柜门为程式化的落堂装心板。

（3）柜门用材一料双开，花纹对称一致。

（4）腿间牙板下缘有钩云纹轮廓曲线，中间有分心花，牙板中间雕变异的螭尾纹，其左右各雕一只螭龙，显示出明式家具牙板上子母螭龙纹装饰格局。

此式样在闽作家具、苏作家具中均有制作。

图1-2 清早中期 黄花梨螭龙纹圆角柜

长96.5厘米，宽49厘米，高129厘米

（选自美国明代家具公司：《中国古典家具图册》）

2. 黄花梨螭龙纹硬挤门圆角柜

黄花梨螭龙纹圆角柜（图1-3）特点：

（1）柜帽面沿圆混，俗称"烧饼沿"。

（2）两扇门板上，起圆角长方形阳线开光，极为少见。

（3）牙板两端曲线回勾。中间的卷草形螭尾纹（图1-3-1）所占面积比例明显加大，左右螭龙纹（图1-3-2）比例减小，显示出程式化的子母螭龙纹设计格局发生变化。牙板边沿阳线粗壮有力。此柜的线脚装饰让圆角柜门板告别了光素的旧貌。

此式样在闽作家具、苏作家具中均有制作。

图1-3-1　黄花梨螭龙纹硬挤门
圆角柜牙板上的螭尾纹

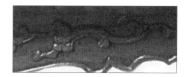

图1-3-2　黄花梨螭龙纹硬挤门
圆角柜牙板上的螭龙纹

图1-3　清早中期　黄花梨螭龙纹硬挤门圆角柜
长71.1厘米，宽45.7厘米，高121.9厘米
（选自安思远：《洪氏所藏木器百图》，2005）

闽作家具与苏作家具有许多器型相同，这是两地密切交往、互相交流的结果。明晚期至清早期，闽地与苏地之间，商人来往日日不停，贩运贸易密切，其情景可谓你中有我，我中有你，颇为有趣。仅举纺织一项说明："漳纱，旧为海内所推，今俱学吴中机杼织成者，工巧足，复相当，且更耐久。绮罗，漳制亦学步吴中，第不如纱为精。光素缎绢，漳绢与他处不同，亦有最佳者。①"明代嘉万时人王世懋说："凡福之绸丝，漳之纱绢，泉之蓝，福延之铁，福漳之橘，福兴之荔枝，泉漳之糖，顺昌之纸，无日不走分水岭及浦城小关，下吴越如流水，其航大海而去者，尤不可计。皆衣被天下。②"

这表明：一方面，福建漳州纱工学习吴中工艺；另一方面，其产品又被贩卖到吴越之地。"闽不畜蚕，不植木棉，布帛皆自吴越至。"明代吴伟业谈论过闽商大量收购太仓棉花的情景："隆、万中，闽商大至，州赖以饶。③"其意为：一方面，福建产品"下吴越如流水"；另一方面，闽地要从吴越大量购买棉花。从明晚期至清早期，一直如此。

清康熙年后，因为太仓鹤王市所产棉花特佳。"闽广人贩归其乡，必题鹤王市棉花。每岁航海来市，毋虑数十万金。④"

闽苏两地相互购买产品，形成供需关系。福建生产的木材、纸张、蓝靛、烟叶、食糖、花果、洋货都以江浙为最大市场。江浙为福建提供棉花、棉布、生丝、丝绸等原料和产品。双方贸易"体现出互补性和双向交流的特点，无论是江南还是华南"。⑤但基本上，江浙是多以加工的手工产品来交换福建地区的生产资料的。

明晚期，商贩奔波于南北之间，日夜不息。嘉隆时人李鼎称："燕赵、秦晋、齐梁、江淮之货，日夜商贩而南；蛮海、闽广、豫章、南楚、瓯越、新安之货，日夜商贩而北，杭其必由之境也。舳舻衔尾，日月无淹。⑥"

"日夜商贩而南""日夜商贩而北"，这令人想象到商旅活动的高效和繁忙。从燕赵到江淮，再到闽广、蛮海、杭州地处运河南端，成为著名的中转地。

在苏州等地，拥有大量的福建坐商，这是两地商业交往兴旺的标志。大量的闽商汇聚在吴越之地，会馆建设相继繁荣。明万历四十一年（1613年），福州商人于苏州万年桥修建三山会馆，经清康熙和乾隆时重修，"中有陂池亭馆之美，岩洞花木之奇，为吴中名胜。⑦"康熙年后，漳州、邵武、汀州、兴化、泉州、延平建宁二府等地的商人屡屡修建会馆。"仅在苏州一地，到清代雍正年间，福建八府商帮基本上以府为地域范围，先后建立了七所会馆。全省商人以府为范围在一个城市均建有会馆，这在江南乃至全国都是唯一的。⑧"明代崇祯年间至清代康熙年间，福建商人先后在浙江嘉兴府造会馆。清乾隆年后，泉州、漳州两地商人在上海建泉漳会馆。

清雍正元年（1723年），"福建客商出疆贸易者，各省码

① （明）袁业泗：万历《漳州府志》卷二十七，万历年刊本。
② （明）王世懋：《闽部疏》，载《续修四库全书本》。
③ （明）吴伟业：《吴梅村全集》卷一，上海古籍出版社，1990。
④ （清）乾隆《镇洋县志》卷一《风俗》，乾隆年间刊本。
⑤ 范金民：《明清时期江南与福建广东的经济联系》，《福建师范大学学报（哲学社会科学版）》2004年第1期。
⑥ （明）李鼎：《李长卿集》卷一十九，万历四十年豫章李氏家刻本。
⑦ （清）余正健：乾隆《吴县志》卷一百零六《三山会馆天后宫记》，乾隆年间刊本。
⑧ 范金民：《明清时期江南与福建广东的经济联系》，《福建师范大学学报（哲学社会科学版）》2004年第1期。

头皆有，而苏州南濠一带，客商聚集尤多，历来如是。查系俱有行业之商。① ” 同时期，苏州织造胡凤翚也报告雍正皇帝："阊门南濠一带，客商辐辏，大半福建人民，几及万有余人。② "

雍正元年，在苏州阊门南濠一带，大致有福建商人一万余人，可见两地商业的规模。

"（福建）其来往内地他省之商路，主要有由浦城入浙的仙霞岭路及由建阳、崇安入赣转浙的分水关路；由于仙霞岭路高峻，不便行旅，明朝不设驿站，非主要孔道，行旅仍以分水关路为主。于是这条商路上之城市，如建阳、崇安，虽居内地，却因位在商路线上，控制南北交通，而成为内地山区较繁荣的城市。③ "

"对福建而言，与江浙贸易也有重大的意义。其一，江浙是福建粮食的主要供应地之一。其二，江浙成为福建重要的原料来源地之一。明末福建沿海的丝织业与织布业都很发达，它所生产的商品主要用于输出海外的美洲、欧洲、日本等地，福建自身消费的棉布也很可观。为了保证丝织业及棉布业的原料供应，福建商人每年都要从江浙运来大量的生丝与棉花。其三，江浙也是福建商品的重要市场，福建的商品只要进入江南城市，便可以通过江南进入全国各地的商业网络。其四，江浙还是福建对外贸易中主要商品的来源地之一。明末是中国商品畅销世界的时代，最畅销的商品有三类：江浙的丝绸、江西的陶瓷、福建的红白糖，其中尤以江浙的丝绸能给中国带来最大的利润。④ "

明清时期，福建、江苏两地的交流，不只成全了某些闽作家具、苏作家具器型的交融和相互影响，更重要的是推动了全中国的商业进程乃至中外贸易的发展。

① 《雍正朱批谕旨》，雍正元年五月四日何天培奏。
② 《雍正朱批谕旨》卷二百，雍正元年四月五日胡凤翚奏。
③ 徐泓：《明代福建社会风气的变迁》，《浙江学刊》2007年第5期。
④ 徐晓望：《晚明福建与江浙的区域贸易》，《福建师范大学学报（哲学社会科学版）》2004年第1期。

3. 黄花梨抽屉圆角柜

黄花梨抽屉圆角柜（图1-4）特点：

（1）柜框、柜帽、门框均为圆材，边压窄线。

（2）柜身光素，双门间设有闩杆，柜门为程式化的落堂装心板。柜门用材为瘿木。

（3）门下有一对并排的抽屉。

（4）底枨下，牙板与长牙头为一木连做。这是比较独特的形式。

（5）下门轴所在臼窝鼓出，外形为半月形。

瘿木也称"影木"，指各种长有节子和病态增生的树木。树木在成长中，当遭到虫蛀、外界侵蚀或自身生病时，会长瘿节包裹病患源头，以自我保卫。因此各种不规则的错综复杂的纹路便产生了。瘿木剖开后，呈现扭曲绮丽的花纹，盘曲缠绕，变幻莫测，形成独特的病态妖娆之感。这成为多种传统审美观中的一种。民国赵汝珍《古玩指南》中提到瘿木，"取之锯为横面，花纹奇丽，多用之制为桌面、柜面等。"其语概括了瘿木的基本用途。

此式样在闽作家具、苏作家具中均有制作。

图1-4 清早中期 黄花梨抽屉圆角柜

长72厘米，宽43厘米，高123.5厘米

（北京保利国际拍卖有限公司，2016年秋季）

二、方腿（柜框）型

1. 黄花梨方腿圆角柜

黄花梨方腿圆角柜（图1-5）特点：

（1）柜框、柜帽、闩杆、门框均为方料，以捏角线装饰。

（2）门板呈鼓圆混面状，不同于常见的平面柜板。这是福州地区的做法。

（3）牙板下挖卷云纹牙头（图1-5-1），这是一种变化后的形态。

图1-5　清早中期　黄花梨方腿圆角柜
长68.5厘米，宽39厘米，高114厘米
（北京元亨利文化艺术示范馆馆藏）

图1-5-1　黄花梨方腿圆角柜的卷云纹牙头

2. 黄花梨硬挤门圆角柜

黄花梨硬挤门圆角柜（图1-6）特点：

（1）双门间无闩杆，称为硬挤门。

（2）柜帽、柜腿、柜门均为洼面，饰捏角线。一处洼面，他处皆洼，这是固定的线脚制作"语法"。

（3）柜下置直牙板，两端牙头锼双牙纹，这是螭凤纹的演变与简化，出现年代偏晚。双牙纹，苏州人称其为"云钩纹"，苏北人称其为"猫耳朵"，上海人称其为"狗牙纹"，广见于苏南、苏北和福建地区的末期明式家具上。在清中期以后，广泛持久地流行于北方地区，见于红木、柞榛木和漆木家具上。在福建地区的黄花梨和杂木家具上，它使用广泛，甚于苏作家具地区。

洼面柜腿在闽作家具上常见。

图1-6　清早期　黄花梨硬挤门圆角柜

长102厘米，宽50.8厘米，高184厘米

（中贸圣佳国际拍卖有限公司，2016年秋季）

三、瓜棱腿（柜框）型

瓜棱腿在苏作家具中形态多样，而闽作家具瓜棱腿看面单调，仅为双混面形态或双混面中间起阳线形态。当然，苏作家具的瓜棱腿也有双混面形态的。但如果是更复杂的棱线制作则不属于闽地。

1. 黄花梨四抹三段柜门圆角柜

黄花梨四抹三段柜门圆角柜（图1-7）特点：

（1）瓜棱腿，看面为双混面，双混面中间起线。

（2）柜帽、柜门、横抹、底框、闩杆均做成双混面，与柜腿的形态相呼应。双混面劈料形式布满全柜的框架结构。此柜线脚装饰出色，横向构件（柜帽、门框四抹、下框、牙板）线脚较多，竖向构件（柜框、门框双边、闩杆）线脚装饰亦丰富。这些无疑为全柜的视觉美感增光加彩。

（3）柜门分为四抹三段，各段均嵌瘿木板。中段上起长方形开光，内浮雕三朵花卉，表现出明式家具末期丰富的装饰手法。

（4）设置柜膛，与三段式柜门相呼应，增加了横向的线条，使全器有饱满丰沛的气象。

（5）腿间为直牙板，牙头极长。这种长牙头的器物出现年代较晚。

此式样柜子闽苏两地共有。

图1-7　清早中期　黄花梨四抹三段柜门圆角柜
长82.6厘米，宽44.5厘米，高123.2厘米
（选自马克斯·弗兰克斯：《中国古典家具1》，1997）

2. 黄花梨瓜棱腿圆角柜

黄花梨瓜棱腿圆角柜（图1-8）特点：

（1）腿为瓜棱腿式，腿面为左右双混面，混面间起一条细微的阳线。闽作家具上的瓜棱腿多是这种形态。

（2）柜帽、柜门框与底枨的面均为左右（或上下）双混面，与腿面双混面呼应。这也是固定的线脚制作手法。

（3）足部极高，足间置直牙板，直牙头出回勾纹。

此式样在闽作家具、苏作家具中均有制作。

图1-8 清早期 黄花梨瓜棱腿圆角柜
长78厘米，宽41厘米，高135.5厘米
（中贸圣佳国际拍卖有限公司，2018年春季）

四、细长铜拉手型

1. 黄花梨细长铜拉手圆角柜

黄花梨细长铜拉手圆角柜（图1-9）特点：

（1）双门铜拉手（图1-9-1）细长，上窄下宽，如古时泉币之状。拉手长度是宽度的3倍有余。

（2）柜子横枨两端臼窝处正面隆起，高出中间一段，形成半月状。

（3）腿间的直牙头与直牙板为一木连做。

（4）门板和柜帮均为独板。

根据以上这几个非常明显的特点，可认定此柜为闽作家具，且为莆田仙游工。细长铜拉手还多见于莆田仙游地区的龙眼木、鸡翅木等材质的圆角柜上。

图1-9　清中期　黄花梨细长铜拉手圆角柜

长73厘米，宽42厘米，高120厘米

（中国嘉德国际拍卖有限公司，2013年秋季）

图1-9-1　黄花梨细长铜拉手圆角柜上的细长铜拉手

2. 黄花梨细长铜拉手有座托圆角柜

黄花梨细长铜拉手有座托圆角柜（图1-10）特点：

（1）双门铜拉手细长，其长度是宽度的4倍，状如古钱币。

（2）柜子下横枨两端臼窝处正面隆起，高于中间一段，形成半月状。腿间直牙头与牙板一木连做。

（3）有座托，座托上部有一对抽屉。抽屉下，以细材攒罗锅枨，横竖相交成直角。这多见于闽作家具上。

（4）座托四根管脚枨间，置攒接风车纹的底网屉板，可拆卸。这种做法是莆田仙游地区的特色。

（5）门板和柜帮均为独板。

（6）侧腿间"刀子牙板"下置罗锅枨。

图1-10　清中期　黄花梨细长铜拉手有座托圆角柜

长75厘米，宽49厘米，高202厘米

（中国嘉德国际拍卖有限公司，2016年秋季）

3. 紫檀有座托小圆角柜

紫檀有座托小圆角柜（图1-11）特点：

（1）柜帽混面，上下压边线。

（2）有闩杆，双门上铜拉手细长，长度为宽度的4.5倍左右。

（3）下门框两端臼窝高起，成半月形。

（4）正侧面腿间攒接直角罗锅枨，上有矮老。

（5）座托上部有一对抽屉，其下攒直角罗锅枨，与柜腿间的直角罗锅枨相呼应。这种柜腿间以直角罗锅枨代替牙板的做法，是闽作家具的一大特征。

（6）管脚枨下置直牙板直牙头。侧面牙板两端牙头向内回勾。

此柜为闽作家具，且为莆田仙游工。

图1-11　清早中期　紫檀有座托小圆角柜

长40厘米，宽20厘米，高80厘米

（西泠印社拍卖有限公司，2016年秋季）

4. 黄花梨外撇腿小圆角柜

黄花梨外撇腿小圆角柜（图1-12）特点：

（1）柜帽喷出甚大。面沿上段平直，中段呈束腰状，下段为一道阴线，是少见的线脚形态。

（2）左右柜框用料粗壮，分成两层台状，外高内低，内侧起边线。

（3）四足向四角外方向撇出，此做法罕见，也是难得的试验之作，因求变化而个性鲜明。

（4）闩杆和双门上的铜拉手较长。

（5）柜门下横枨两端臼窝微微鼓起。横枨上见明榫。

（6）足间攒接直角罗锅枨，上有矮老，以格肩榫相交，面上打洼线。

（7）前后腿间置罗锅枨，其上又置牙板牙头，也是闽作地域特色。

（8）门内有两层格板，下置一对抽屉（图1-12-1）。

此柜为莆田仙游工。

图1-12-1 黄花梨外撇腿小圆角柜的门内结构

图1-12 清早期 黄花梨外撇腿小圆角柜
长51厘米，宽29厘米，高66厘米
（西泠印社拍卖有限公司，2011年秋季）

5. 鸡翅木有座托小圆角柜

鸡翅木有座托小圆角柜（图1-13）特点：

（1）柜门拉手细长，其长度为宽度的数倍。

（2）牙板宽，牙头几乎与足端齐平。

（3）座托上有一对抽屉。

（4）抽屉下牙板牙头一木连做，牙头为钩云纹（图1-13-1），呈张口状，这是闽作家具常见的形态。

（5）座托圆腿下又托以方腿底架，方腿与圆腿为一木连做。底架中有镂空的底网屉板（图1-13-2），为透挖的十字连海棠纹，是莆田仙游地区的特色。

本柜的多种做法均为闽作工艺。

图1-13-1　鸡翅木有座托小圆角柜座托上的钩云纹牙头

图1-13-2　鸡翅木有座托小圆角柜底架上的镂空底网屉板

图1-13　清中期　鸡翅木有座托小圆角柜

长90厘米，宽42厘米，高183厘米

（福建陈群藏）

6. 龙眼木小圆角柜

龙眼木小圆角柜（图1-14）特点：

（1）由龙眼木制作，虎皮纹斑斓华丽。柜帽混面，上下压边线。

（2）铜质细长拉手，长度为宽度5倍有余。

（3）下框上下边起双线，中间铲平。横枨两端纳门轴的臼窝处鼓起，高于整个柜框中段。

（4）腿间牙板牙头边上起线。在牙板牙头交接处，挖出未合拢的双牙云纹（图1-14-1）。

与明式家具形态相近的龙眼木家具为闽地独有，更多地使用于莆田仙游、泉州等地。这件龙眼木圆角柜证实了细长铜拉手这个符号为闽作家具所有。任何黄花梨圆角柜上出现细长铜拉手，就可以认定其为闽作家具，尤其是与底枨上臼窝高起、两边起双线、中间铲平的形态同时出现时。

此柜为莆田仙游地区风格。

图1-14 清早中期 龙眼木小圆角柜
长40厘米，宽21.5厘米，高55厘米
（选自毛岱康：《中国古典家具与生活环境：罗启妍收藏精选》，雍明堂）

图1-14-1 龙眼木小圆角柜牙板牙头上的双牙云纹

7. 龙眼木有座托圆角柜

龙眼木有座托圆角柜（图1-15）特点：

（1）柜帽面沿上打洼，上下边缘起线。

（2）有闩杆，铜拉手细长。底枨面沿打洼，上下起线，两端臼窝微微高起。

（3）柜腿为双混面劈料做法，这多见于闽作家具。柜腿两边起边线。腿间攒直角罗锅枨，上有矮老。

（4）座托上横列两具抽屉，下饰钩云纹角牙，如张开的小嘴。

龙眼木材质是断定此家具出产地域最有力的证据。这件家具为莆田仙游地区制作。其年代已经晚于明式家具时代，为"后明式家具时期"的器物[①]。它虽是软木材质，但据此式样家具可以明确推断更早时期的黄花梨圆角柜的形态。

图1-15 清 龙眼木有座托圆角柜
长78.8厘米，宽38.8厘米，高179.1厘米
（苏富比纽约有限公司，1991年11月）

---

① 本书的明式家具年代定义为"明晚期至清早中期"，晚于这个时期，且沿袭明式家具造型风格的家具，在本书中称为"后明式家具时期"的器物（或家具）。

五、方角柜框型

1. 黄花梨变体圆角柜

黄花梨变体圆角柜（图1-16）特点：

（1）柜体为长方形。从背后看，是方角柜式，无柜帽，而且用的是方角柜的棕角榫。

（2）从前面看，为圆角柜之形，柜门以上下门轴控制转动开关。上下横枨上纳门轴的半月形臼窝高于他处。

（3）有柜膛。牙板下沿带罗锅枨式曲线。门内设双层格板，其下有一对抽屉。

此式样不排除苏地也有制作，但方角柜和圆角柜合为一体之作多见于闽作家具中。

图1-16　清早期　黄花梨变体圆角柜
长106厘米，宽53厘米，高175.7厘米
（选自王世襄：《明式家具珍赏》，文物出版社，2003）

2. 黄花梨鸡翅红豆杉木圆角柜

黄花梨鸡翅红豆杉木圆角柜（图1-17）特点：

（1）全柜一共用三种木材制作而成：柜框用红豆杉木，这是福建地区家具专用之材；门框用黄花梨；门板用鸡翅木。

（2）柜体为方角柜型，但柜门仍以门轴安装，横竖框面双边起线，中间铲平，为闽作地域特点。

（3）铜拉手为细长形。

闽作家具多变体。当地人称：当地各县说话口音不一，所用老家具式样也多少有所不同。

此等多种料质兼用之器，应为闽西、闽北等地制作。

图1-17　清早中期　黄花梨鸡翅红豆杉木圆角柜
长42.3厘米，宽18厘米，高54厘米
（中贸圣佳国际拍卖有限公司，2015年秋季）

第二节 方角柜式

一、直足型

1. 黄花梨螭尾纹方角柜

黄花梨螭尾纹方角柜（图1-18）特点：

（1）牙板边缘起阳线，面上浮雕对称的卷草形螭尾纹。螭尾纹纷繁变异的形态，成为独立的纹饰，也表明此柜

制作年代为清早中期。

（2）门内（图1-18-1），有上下四组（四排）抽屉，由上至下每组分别为四个、三个、四个、三个。这种多抽屉小方柜应是药柜。据行家所言，这件药柜的抽屉脸上贴着各种药材的名字纸签，是富裕人家用于盛放常年使用之补药或针对家人疾病的常用药用具，所以抽屉不多。与药店药柜不同，此柜类似今日家庭中的常备药箱。

图1-18-1　黄花梨螭尾纹方角柜门里的抽屉

图1-18　清早期　黄花梨螭尾纹方角柜
长85.1厘米，宽45.7厘米，高111.7厘米
（佳士得纽约有限公司，1994年12月）

2. 黄花梨螭龙纹方角柜

黄花梨螭龙纹方角柜（图1-19）特点：

（1）牙板边缘曲折多变，两端为钩云纹式，边上起阳线。面上浮雕对称的卷草形螭尾纹，螭尾纹饱满圆润，表明此柜制作的年代为清早期。方角柜（以及顶箱柜、圆角柜）的纹饰，绝大多数出现在牙板之上。牙板作为柜子上的构件，面积相对较小，布局图案相对容易，雕刻工本较低。同时，牙板为多类家具的必备构件，其雕饰设计的成果可以在各类型家具上共享。当然其各自图案形态的不同，也显示了其制作年代的早晚。

（2）腿子极高，这是闽作家具的一个特点。

（3）柜身总高170.8厘米，这种极高的方角柜多见于闽作家具中。

这种多抽屉的方角柜在福建地区软木家具中也多见。

在明代崇祯年间的《金瓶梅词话》的插图（图1-20）中，可以见到方角柜，以及衣箱、闷户橱、提盒，这有助于我们理解当时方角柜的形态和使用。

图1-20 明崇祯 《金瓶梅词话》插图中的方角柜、衣箱、闷户橱和提盒

（兰陵笑笑生：《金瓶梅词话》，里仁书局）

图1-19 清早期 黄花梨螭龙纹方角柜

长111.8厘米，宽55.2厘米，高170.8厘米

（苏富比纽约有限公司，2013年9月）

3. 黄花梨螭龙纹方角柜

黄花梨螭龙纹方角柜（图1-21）特点：

（1）门板花纹对称，为一木对开。柜内有三层格板，中间层上装三具横排抽屉。

（2）牙板为壸门式，中间分心处有变异，两旁下沿多处出尖牙纹。面上中间雕双首相向的行走状螭龙纹（图1-21-1），尾端方折化，上有"塔尖"纹。大螭龙身后各有一只小螭龙。牙板两端雕方折化螭尾纹。这种大小螭龙纹的组合是牙板上图案的固定做法之一。

（3）侧面有壸门牙板，两端为钩云纹。

（4）柜体超高超大，高为190.5厘米。此类高大的方角柜多见于闽作家具中。

图1-21-1 黄花梨螭龙纹方角柜牙板上的螭龙纹

图1-21 清早期 黄花梨螭龙纹方角柜

长132厘米，宽62.5厘米，高190.5厘米

（中国嘉德国际拍卖有限公司，2015年春季）

025

4. 黄花梨螭龙纹硬挤门方角柜

黄花梨螭龙纹硬挤门方角柜（图1-22）特点：

（1）双门心板为落堂式，突出了门框四周起线的装饰感，不同于早期的平镶做法。门框的下框横材榫头为梯形格肩榫，在结构上表明其制作年份在明式家具中是较晚的。

（2）牙板上，螭龙纹尾部有横向（倒着）的"塔状"花蕾纹（图1-22-1），这是由卷草形纹饰演化出来的，也是螭尾纹的衍生物。这个花蕾纹有助于我们理解某些椅子靠背板上的"塔状纹"之来源。

（3）牙板中心有分心花，其上方出现了如意纹轮廓的纹饰。以上多个特征表明此柜制作年代晚至清早中期。

（4）双门间无闩杆，为硬挤门。

此式样在福州、莆田仙游等地多有制作。

图1-22　清早中期　黄花梨螭龙纹硬挤门方角柜

长97.5厘米，宽46.5厘米，高145.5厘米

（香港两依藏博物馆藏）

图1-22-1　黄花梨螭龙纹硬挤门方角柜牙板上的横向"塔状"纹

5. 黄花梨螭龙纹方角柜

黄花梨螭龙纹方角柜（图1-23）特点：

（1）柜门为落堂做法。柜内中央有一层格板，并置一对抽屉。背板为铁梨木。

（2）腿间的壶门牙板上，分心花处雕灵芝纹，两侧下沿逐次出双牙纹、单牙纹、钩云纹。

（3）牙板面上，中心为一对饱满的螭尾纹，螭尾纹旁各雕一只螭龙纹，这是基本的牙板图案做法。两端雕方折拐子纹，上有塔状纹（图1-23-1）。这多见于闽作家具上。

（4）侧面牙板上雕三组拐子纹，上有塔状纹。

此式样在闽作家具、苏作家具中均有制作。

图1-23-1 黄花梨螭龙纹方角柜牙头上的塔状纹

图1-23 清早中期 黄花梨螭龙纹方角柜

长77厘米，宽42厘米，高101.5厘米

（中国嘉德国际拍卖有限公司，2013年春季）

6. 黄花梨双牙云纹方角柜

黄花梨双牙纹方角柜（图1-24）特点：

（1）柜门心板为落堂式，门框的下框榫头为梯形格肩榫，结构上表明其年份较晚。

（2）牙板为洼堂肚式，牙头上锼出双牙云纹（图1-24-1）。此式样在闽作家具中有制作。

图1-24-1 黄花梨双牙纹方角柜牙头上的双牙云纹

图1-24 清早中期 黄花梨双牙云纹方角柜
长105.2厘米，宽52.5厘米，高175厘米
（中国嘉德国际拍卖有限公司，2014年春季）

二、马蹄足型

1. 黄花梨罗锅枨马蹄足方角柜

黄花梨罗锅枨马蹄足方角柜（图1-25）特点：

（1）柜门平镶。

（2）四腿间置罗锅枨，上抵柜框，为齐肩榫式。罗锅
枨正面出明榫，侧面为暗榫。以罗锅枨代替牙板，是
闽作家具设计制作中的常用手法。

（3）双门间有闩杆，门上配方形面叶。内翻马蹄足。

此式样柜子多为闽南地区作品。

图1-25 清早期 黄花梨罗锅枨马蹄足方角柜
长87厘米，宽52厘米，高112厘米
（中国嘉德国际拍卖有限公司，2011年秋季）

图1-26-1　黄花梨罗锅枨马蹄足矮方角柜后背上的扇活

2. 黄花梨罗锅枨马蹄足矮方角柜

黄花梨罗锅枨马蹄足矮方角柜（图1-26）特点：

（1）柜体扁矮，内翻马蹄足。

（2）腿间罗锅枨抵下框，为齐肩榫式。此柜又是以罗锅枨代替牙板，又是内翻马蹄足。

（3）双门间有闩杆，门上配圆形面叶。

（4）后背为两片扇活，另攒框装心板（图1-26-1）。

此式样柜子多为闽作家具。

图1-26　清早期　黄花梨罗锅枨马蹄足矮方角柜

长86.4厘米，宽55.2厘米，高83.2厘米

（佳士得纽约有限公司，2015年3月）

三、架托型

1. 紫檀攒罗锅枨方角柜

紫檀攒罗锅枨方角柜（图1-27）特点：

（1）柜框面为混面，俗称"指壳圆"。指壳圆指微微凸起的混面，像人的指甲一样。

（2）柜门平镶独板，用材属大料。柜门中间有闩杆，面叶为圆形，拉手为钟形。

（3）腿间攒直角罗锅枨（图1-27-1）。正面罗锅枨上置两个矮老，上端为齐肩榫，下端为格肩榫。

（4）下有座托，并列设置一对抽屉。

此方角柜为莆田仙游地区作品。

图1-27　清早中期—清中期　紫檀攒罗锅枨方角柜

长73.1厘米，宽35.6厘米，高140.6厘米

（中贸圣佳国际拍卖有限公司，2015年秋季）

图1-27-1　紫檀攒罗锅枨方角柜上的攒直角罗锅枨

第三节　碗柜式

经笔者考证，双门和柜帮使用攒斗格子图案或透雕图案的柜子为用于厨房中的碗柜（饭柜）。这种观点以前没人公开讲，现在也会有所争议。任何争议中，认真论证的意义都大于想当然的结论。

1. 黄花梨万字冰裂纹碗柜

黄花梨万字冰裂纹碗柜（图1-28）特点：

（1）有方角柜之外框，但框内门轴门为圆角柜式的。这是常见于闽作柜子上的制作手法，后面几例碗柜均是如此。

（2）柜门为硬挤门，双门间无闩杆，两扇门上攒斜向万字纹。

（3）柜帮为可拆合的扇活（图1-28-1），以活销接合，其上攒冰裂纹。

（4）门下有柜膛。高腿下有宽大牙板，为壶门式，两端曲线上出两个钩云纹。

本柜的式样为闽作家具。

图1-28　清早期　黄花梨万字冰裂纹碗柜
长106厘米，宽60厘米，高182厘米
（选自敏求精舍：《好古求敏：敏求精舍四十周年纪念展》，2000）

图1-28-1　黄花梨万字冰裂纹碗柜柜帮上可拆下的扇活

2. 黄花梨直角罗锅枨碗柜

黄花梨直角罗锅枨碗柜（图1-29）特点：

（1）外框为方角柜式，门为圆角柜式，以门轴固定柜门。

（2）柜门、柜帮、背面均攒扯不断纹。全器四面透风，为最通透的碗柜样式。

（3）四腿极高，正面腿间攒直角罗锅枨，枨上有矮老。

（4）侧面腿间置罗锅枨，其上方饰角牙。这又是一种福建地域化的制作搭配。

（5）铜拉手为长方形，长宽适中，可见闽作碗柜不都使用过长的拉手（当然，也有后配的不同式样铜拉手，已不足论）。

本柜为闽作家具式样。

图1-29　清早中期　黄花梨直角罗锅枨碗柜

长91.4厘米，宽40.6厘米，高175厘米

（苏富比纽约有限公司，1993年十一月）

3. 黄花梨十字连方纹碗柜

黄花梨十字连方纹碗柜（图1-30）特点：

（1）双门上攒十字连方灯笼锦纹，委角长方形内侧特意镂刻出卷曲的纹饰，十分费工且有炫技之嫌。

（2）双门间有闩杆，门内有两层格板。柜帮攒冰裂纹。整体气象空疏，实用功能也更为强化。

（3）足间有变体直枨，两端稍上扬并雕螭龙纹。正面枨上饰团螭龙纹卡子花两枚，雕工娴熟。

攒接的透棂格、委角长方格内镂出的纹饰、雕刻的横枨、团螭龙纹卡子花等做法令此柜玲珑剔透而又外形饱满，为明式家具末期的佳构。门下横框与柜腿接合处为梯形格肩榫形态，横框上下边沿起线与柜腿交圈，直枨两端变异，这些都表明其出现年代较晚。

任何器物上出现更强烈的设计性、更繁复的制作工艺、更华丽的外观，都和偏晚的制作年代相关联。

本柜为闽作家具式样。同样式还多见于闽作的其他材质的碗柜上，但若是杂木制作的，多为材大工粗之貌。

图1-30 清早中期 黄花梨十字连方纹碗柜

长121厘米，宽49.25厘米，高161厘米

（选自莎拉·韩蕙：《中国古典家具简约之美》，2001）

4．黄花梨透棂格碗柜

黄花梨透棂格碗柜（图1-31）特点：

（1）正面双门上各攒六组十字连委角长方纹，大结点上浮雕十字花瓣。

（2）柜帮攒万字纹。从此柜上可见攒万字纹在清早中期仍然使用。

（3）正面柜框下，牙板牙头一木连做。牙头为变体卷珠双牙纹。牙板中心出变体洼堂肚。

（4）四腿极高。整柜的高度为178厘米，可见碗柜也有较高的尺寸。

多个特征表明此柜为典型的闽作家具式样。

图1-31　清早中期　黄花梨透棂格碗柜
长120.5厘米，宽42厘米，高178厘米
（中国嘉德国际拍卖有限公司，2016年秋季）

第四节　茶柜式

行家认为，柜门透空、柜帮为实木板、高仅一米左右（矮于一般柜子）的柜子是茶柜，用于放置茶器和茶叶等。

1. 黄花梨螭龙纹茶柜

黄花梨螭龙纹茶柜（图1-32）特点：

（1）此柜为圆角柜式，柜门上方通透，应是茶柜。

（2）柜门三抹两段。上段装板，开光内透雕十字花纹和四合如意纹，美如织锦。下段装板，踩地委角开光，开光内雕对称的双螭龙纹，身尾波折曼妙。开光下端浮雕变体的卷草形螭尾纹及花苞。双螭尾纹与双螭龙纹组成两组对称的子母螭龙纹。

（3）壸门牙板中间，螭尾纹简化为卷珠花芽纹，可见在偏晚时期，纹饰简化现象严重。

圆角柜是形制稳定性极强的明式家具，长时期内少有变化。但它一旦被制作成茶柜，便一改常规，出落得更加美妙，神采飞扬。

本柜为闽作家具式样，略带有广东潮汕家具风格。

图1-32　清早中期　黄花梨螭龙纹茶柜

长73.7厘米，宽46.8厘米，高101.5厘米

（佳士得纽约有限公司，1998年9月）

2. 黄花梨四抹三段柜门茶柜

黄花梨四抹三段柜门茶柜（图1-33）特点：

（1）所有边框均打洼，这在闽作家具上常见。

（2）双门间有闩杆。双门各四抹三段。上段攒十字连海棠纹。中段浮雕对称的双螭龙纹。下段透雕螭龙寿字纹（图1-33-1）。寿字为螭龙形，上尖下方，形如篆体的"亭"字，为莆田仙游工特色。其四周是大小七条螭龙构成的子母螭龙纹，形态各异。

（3）牙板中心雕相背的拐子纹，两旁各雕螭龙纹。壸门式曲线两侧下缘各出两个尖牙纹。

此柜柜门上疏密交替的设计格局、老道生动的雕工，使之成为明式家具茶柜中不可多得的翘楚之作。

本柜为闽作家具式样。

图1-33 清早期 黄花梨四抹三段柜门茶柜

长80厘米，宽40厘米，高105.5厘米

（选自安思远：《洪氏所藏木器百图》，2005）

图1-33-1 黄花梨四抹三段柜门茶柜柜门上的螭龙寿字纹

第五节　闷户橱式

闷户橱，有案面，用以摆放器物；有抽屉，用以盛放日用品；有闷仓，用以放置非常规的"细软"用品，闷仓是一种安全的储藏空间。闷户橱兼具各种使用价值。

大型庋具，竖放者称"柜"，横置者名"橱"。橱以闷户橱为主，又常以抽屉数字来命名。单个抽屉的称"阿婆橱""学生桌"，两个抽屉的称"联二橱"，三个抽屉者叫"联三橱"。

笔者所见闷户橱，多有翘头。翘头不仅出现在案子上，也多见于闷户橱上，其作用是使器物有一种向上的视觉引导，减轻上半部分大体量带来的沉重感。

在明万历（崇祯）版《鲁班经匠家镜》[1]版画插图（图1-34）上可见到闷户橱。明崇祯刻本《西湖二集》版画插图（图1-35）和明崇祯版《金瓶梅词话》版画插图（图1-20）上，闷户橱图像都直观地展现了它作为梳妆台的实用功能。

这两幅插图上的闷户橱均未见闷仓，这种情况清代也一直存在。但《鲁班经匠家镜》中，另一幅闷户橱图上有闷仓。两种形式长期并行。

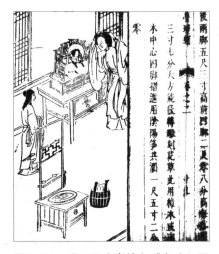

图1-34　明万历（崇祯）《鲁班经匠家镜》中的闷户橱

（鲁克思：《中华帝国晚期的木作和建筑：有关十五世纪<鲁班经>的研究》）

图1-35　明崇祯 《西湖二集》中的闷户橱

（首都图书馆：《古本小说版画图录》第十册，线装书局，1996）

---

① 《鲁班经匠家镜》的最早版本年代，学术界有两种说法：一种是明万历年间，另一种是明崇祯年间。

一、单抽屉型

1. 黄花梨单抽屉闷户橱

黄花梨单抽屉闷户橱（图1-36）特点：

（1）全身光素，无线脚。

（2）有一个抽屉，抽屉下有闷仓。铜面叶赫然醒目，插销可向上插入大边，锁住抽屉。

（3）闷仓下的牙头和牙板为一木连做。

（4）因为腿挓度较大，抽屉脸和闷仓正面呈明显的梯形。

此式样柜子在闽作家具、广作家具中较多。

图1-36 明末清初 黄花梨单抽屉闷户橱

长93厘米，宽54厘米，高81厘米

（佳士得纽约有限公司，2009年9月）

2. 铁梨木单抽屉闷户橱

铁梨木单抽屉闷户橱（图1-37）特点：

（1）全身光素，无线脚。边抹为冰盘沿。

（2）抽屉面板接合处出明榫，抽屉脸上的铜饰硕大。

（3）四腿明显过于粗大。

（4）闷仓下无底框，面板直接与底板相接。

（5）两侧山墙也非攒框装板式，而是以独板为之。

（6）正面、侧面的独板面下以罗锅枨代替牙条。

此橱多处显示了闽作家具的特征。

图1-37 清中期 铁梨木单抽屉闷户橱
长98厘米，宽57厘米，高85厘米
（选自王世襄：《明式家具珍赏》，文物出版社，2003）

二、联二橱型

1. 黄花梨双牙云纹闷户橱

黄花梨双牙纹闷户橱（图1-38）特点：

（1）有翘头。橱体虽貌似光素，但吊头下角牙锼挖出的双牙云纹，是发展已久的纹饰。

（2）壶门牙板分心处为有肩式，两端下缘曲线迂回多变，有多重牙状纹饰，与吊头下角牙的波折变化相呼应，也表明其制作年份偏晚。

（3）两个抽屉上方正硕大的铜面叶异常醒目，为略显平淡的主体观赏面带来了变化。

此联二橱翘头、角牙、牙板上的曲线装饰给人带来了活泼美妙的视觉效果。

此式样柜子闽苏两地共有，苏地制作更多。

福建仙游古玩城商户藏清代黑漆木闷户橱（图1-39）角牙上有变体双牙云纹，抽屉下角牙有钩云纹，前后腿间置罗锅枨，这些均带有明确的莆田仙游家具特征。

图1-38 清早中期 黄花梨双牙云纹闷户橱
长151厘米，宽63厘米，高82.5厘米
（选自莎拉·韩蕙：《中国建筑学视角下的明式家具》，2005）

图1-39 清 黑漆木闷户橱
长150厘米，宽55厘米，高83厘米
（福建莆田仙游古玩城商户藏）

第六节　佛龛神龛式

一、佛龛型

1．黄花梨螭龙纹佛龛

黄花梨螭龙纹佛龛（图1-40）特点：

（1）前面上段绦环板上，透雕大螭龙纹，双首相向。双螭龙间为日纹。日纹两旁为螭尾纹，代表小螭龙纹。

（2）横枨下为三面牙板的券口，券口内可放置神佛造像。

（3）下部设栏杆，四个望柱头为四方形。栏杆分为三段，各段上装绦环板，左右绦环板上饰中间细两头宽的鱼洞门，这种形态纹饰常见于闽作家具上。中间绦环板开亮脚，曲线为壸门式，两端回勾。

（4）矮束腰下，牙板为壸门式，面上雕饱满的螭尾纹，与上部螭龙纹相呼应。

（5）四腿为三弯形，足部极其扁矮。

此类龛多见于漳州地区。

图1-40　清早中期　黄花梨螭龙纹佛龛
长42厘米，宽21.6厘米，高57厘米
（选自安思远：《洪氏所藏木器百图》，2005）

2．鸡翅木螭龙纹佛龛

鸡翅木螭龙纹佛龛（图1-41）特点：

（1）柜顶连接前廊和后柜上部。

（2）上框面沿中间平直，两边上下起反向指壳圆阴线。面有明榫。

（3）左右边框间横枨上，装黄杨木绦环板。其圆开光中间雕团寿纹，两侧雕团形螭龙纹，螭口大张，身尾翻卷过头，尾如卷草。螭龙尾尖下雕蝙蝠纹。

（4）横枨下两角加黄杨木螭龙纹角牙。

（5）底座如鼓腿炕桌，冰盘沿，下压一线。

（6）牙板中间为洼堂肚，透雕纹饰，两侧下沿弧线变化多端。

（7）鼓腿面上阳雕花叶纹，阴雕卷珠纹。

此佛龛为进入清中期后的漳州家具，当时已为清式家具时代。

清中晚期，各类闽作家具更加彰显出各自的地方特点。

图1-41　清中晚期　鸡翅木螭龙纹佛龛

长67厘米，宽40厘米，高85厘米

（北京保利国际拍卖有限公司，第37期精品拍卖会）

二、神龛型

神龛一般为供奉祖先牌位之用，非为佛龛，平时不用时，柜门关上。

1. 黄花梨前廊后柜神龛

黄花梨前廊后柜神龛（图1-42）特点：

（1）前部如建筑中的前廊，左右两角立角柱。

（2）后部为柜体，有四扇小门。每扇门分为上中下三段。中段纹饰又分为上中下三层，上层和下层为螭龙纹，中层为螭龙形寿字纹。门内放置祖先牌位，祭祀时打开门扇。

（3）门楣上置牙板状柜帽，中心透雕卷珠构成的火珠纹。两端各雕螭龙纹，曲体如蛇，身尾逶迤翻转，上有连绵云纹。

（4）门楣子分三格，一大二小。中间的绦环板透雕一对双首相向的螭龙纹，两旁绦环板各雕一只回首小螭龙纹，共同构成了大小螭龙纹。

（5）门楣子下，为带垂柱的垂花门。其上三块挂檐均透雕螭龙纹。

（6）下部栏板以两望柱分隔出三段，三块绦环板上均透雕螭龙纹。

（7）栏板下有双层壶门牙板，座底下亦为壶门式曲线。

另见同款黄花梨前廊后柜神龛（图1-43）。

此神龛为福建漳州地区家具。无疑，变幻无尽的螭龙纹是漳州工匠的至爱。当然，其他地区的家具上也有螭龙纹，但远不如漳州家具这般形式多样，争奇斗艳。

图1-42 清中期 黄花梨前廊后柜神龛
长79厘米，宽67厘米，高119.4厘米
（佳士得纽约有限公司，2004年9月）

图1-43　清早中期　黄花梨前廊后柜神龛

长79厘米，宽67厘米，高119.4厘米

（选自邓南威：《隽永姚黄：中国明清黄花梨家具》，生活·读书·新知三联书店，2016）

远古时，福建为偏远落后之边陲，"然自唐以来，文献渐盛。至宋，大儒君子接踵而出，仁义道德之风，于是乎可以不愧邹鲁。"[1] 宋代以后，经济文化南移趋势更甚，福建崭露头角，并完成了历史性的跨越。朱熹云："天旋地转，闽渐反居天下之中。"周必复说："而今世之言，衣冠文物之盛，必称七闽。"

两宋，福建就是中国科举第一大省。319年间，朝廷共举行了118次进士考试，录取进士约39000余人，其中福建籍进士7000多人，占总数的1/5，名列全国第一。而区区只有三个县的兴化郡（莆田县、仙游县、兴化县）却"举进士者970余人，预诸科、特奏名者640余人"[2]。宋代所取进士中，每39人中就有一个是莆田人。难怪一代名相王安石会发出赞叹："兴化多进士"。宋代黄岩孙说："仙溪地方百里，科第蝉联，簪缨鼎盛，甲与他邑。[3]"

宋真宗《劝学诗》云："富家不用买良田，书中自有千钟粟。安居不用架高堂，书中自有黄金屋。出门莫恨无人随，书中车马多如簇。娶妻莫恨无良媒，书中自有颜如玉。男儿欲逐平生志，六经勤向窗前读。"诗中直白地将读书与富贵美满的人生联系一起，实际上，它隐含了读书、科考、入仕三者之间的联系。同时，又是对学子的激励。"三世不读书，三世无仕官""学而优则仕"，科举、入仕可以给人生的方方面面带来成功得意。宋代以后，这个观念更加深刻地影响着八闽大地，成为一种精神血脉，在全社会绵延不绝。

明代以后，福建依然是科举强省，"人均进士数、人均一甲进士数和人均庶吉士数，皆为全国第一。[4]"福建还产生了明代唯一的延续二百多年的七代进士家族。

位于东南沿海平原地区的福州、泉州、兴化、漳州等四府科举文化最为发达，在鼎甲进士的数量上显示出强大的实力与竞争力，"有1/3的福建鼎甲进士出自福州府，而出自此地的状元更占了全省状元的54.55%，充分彰显了闽都在文化上的优势。[5]"从进士人数看，兴化府居全国第一。兴化府的6名鼎甲进士全部出自莆田县。泉州府有8名鼎甲进士。

莆仙（莆田县和仙游县合称莆仙）科甲鼎盛，不但有"读书为八闽之甲""文献之邦"之誉；而且，从政者重臣高官迭出。有明一代，科第联芳，其中任过尚书一职的，就有13人之多。"比年以来，位六卿，列禁从，长藩臬者，接踵而起。人才之盛，盖几宋矣。[6]"莆仙人列入《明史》人物传的有43人，四品（知府）以上官员多达300余人。

莆仙及整个福建地区民间办学极盛，为士子登科扎下根基，铺平道路。为激励读书科考，官员和各宗族给予中科及第者强烈的光荣感，极力表彰推崇。明代莆郡太守广立牌坊，表彰科第先进。除登进士第外，还为乡试举人立坊。莆田城乡，牌坊林立。状元坊、解元坊、乡试会试成绩优异坊等牌坊随处可见，文献名邦风采尽现。同时，表彰家族成员联袂接踵登第的牌坊也极多，如"世荣坊""金榜联芳坊""三世登瀛坊""世魁坊""解

① 黄仲明：《八闽通志》卷首，北京图书出版社，1988。
② 刘海峰、庄明水：《福建教育史》，福建教育出版社，1996。
③ （宋）黄岩孙：《仙溪志》，福建人民出版社，1989。
④ 郭培贵、蔡惠茹：《论福建科举在明代的领先地位及其成因》，《福建师范大学学报》2013年第6期。
⑤ 谢海潮：《从明代科举看阶层流动：郭培贵教授谈福建鼎甲进士、阁臣的结构变化》，《福建日报》2018年1月18日。
⑥ （明）黄仲昭：《皇明兴化府乡贡进士题名记》。

元接武坊""奎璧联辉坊""四世青云坊""棣萼联辉坊"等。①明代牌坊基本是旌表功名仕途，清代牌坊转为颂扬女子守节。全国风尚如此。

闽南地区特别注重对于科举有功名的人的祭祖报喜，并刻匾于祠堂前。各代先辈族人的功名都会刻写在祠堂中。

各个宗族还往往通过楹联作对的艺术形式显示宗族的光荣。如，莆田玉湖陈氏宗祠对联："一门两宰相，九代八太师"。南靖县和溪林氏"聚斯堂"对联："唐宋元明，五百进士三顶甲；高曾祖考，十二宰相九封侯"。莆田市黄石镇沙坂金墩黄氏宗祠对联："金墩入阁一相国，黄府进士三尚书"。莆田市黄石镇沙坂金墩黄氏宗祠另一联："凤翔守魁卿都督及第，榜眼探花文武巍科"。

在莆仙的数百个乡村中，金榜题名的光辉闪耀在祠堂的牌位间，光宗耀祖的荣誉镌刻在每一座牌坊上。"进士之乡""举人之乡"优异的教育环境激发着学子们读书的热情。

郭培贵认为："明代福建鼎甲进士和阁臣都保持了较高的社会流动率，来自上三代直系亲属皆为社会中下层家庭者占了两者的绝大部分。""显示明代选官在'形式公平'上达到了空前之高的水平。②"这一点尤其重要，是对广大的平民学子的鼓舞和召唤，激励着他们施展平生的抱负。

清代，将各科举省分为大中小省。直隶、江南、浙江、江西、福建为大省，山东、河南、山西、广东、陕西、四川为中省，云南、广西、贵州为小省。科举大省之体现，一是乡试中额人数名列前茅，超过江苏、安徽、山东、河南、山西、陕西、广东（以乾隆年计）；而且，在历次增加中额数中，均有受益。二是入翰林人数享受大省待遇。

由于"科举必由学校"，两者密不可分，福建当时也是文教大省，甚至已逾越山东、广东等省。

福建为边远省份，还享受安置落第举子的"明通榜"之优惠。雍正、乾隆时期，边远六省由于邮程遥远、非近省可比，由其会试落第举人中，选取补授出缺的学官，于正榜之外另出一榜，谓之"明通榜"。乾隆五十五年（1790年）后罢止。"显然，在这样一个优惠政策下，作为科举大省的福建又沾了边远省份的光。③"

福建在大省和"海隅寒畯"的边远省份之间，在清廷各项科举"格外加恩""恩赏"中，一直受益匪浅。

清代福建科名与明代相比，总体上有较大的滑落，但尚能继续保持科举大省的地位。福州府一枝独秀，而沿海的兴化、泉州、漳州三府却出现下滑趋势，其中尤以兴化府最为严重。④

福建地区，历代读书、科举、入仕的观念深入人心。"十年寒窗苦，方为人上人"的观念浓厚。这也反映在明清家具的纹饰上。以子母螭龙纹为主体，此外，还有鱼化龙纹、文曲星纹、官居一品纹、一路连科（鹭鸶）纹、一甲传胪纹等。⑤

① 阮其山：《明代莆阳牌坊扫描》，《莆田晚报》2014年3月2日。
② 谢海潮：《从明代科举看阶层流动：郭培贵教授谈福建鼎甲进士、阁臣的结构变化》，《福建日报》2018年1月18日。
③ 李世愉：《清代科举与闽都文化》，《闽江学院学报》2013年5月。
④ 戴显群：《清代福建科举与科名的地理分布特点》，《福建论坛（人文社会科学版）》2013年第7期。
⑤ 张辉：《明式家具图案研究》，故宫出版社，2017。

2．鸡翅黄杨木前廊后柜神龛

鸡翅黄杨木前廊后柜神龛（图1-44）特点：

（1）后部为柜体，有四扇小柜门。柜门板为黄杨木，上段雕各种博古纹。中段纹饰里，上为螭龙纹，中为香炉形寿字纹，下为变体寿字纹和螭龙纹。

（2）柜门内可放置祖先牌位，以供祭祀。

（3）前部如建筑中的前廊，前有双柱。

（4）双柱间上部置宽大的黄杨木牙条，上雕一对双首相向的大小螭龙纹，身尾过头，两尾相连，面部形象极具表现力，线条流畅而饱满。整个图案上，还有灵芝纹、卷珠纹，阳刻、阴刻变幻自然，形成叠压、穿插，层次丰富，高低错落。整体雕刻反映出福建漳州工风貌。

（5）底座如炕桌，有束腰，鼓腿膨牙。牙板曲线多变，运用镂雕、阳雕、阴雕等工艺手法。束腰打洼，面为楠木。

（6）柜门木轴与门框连接，转动开合。鸡翅木、黄杨木、楠木这几种木材被广泛使用于闽作家具上。

图1-44 清中晚期 鸡翅黄杨木前廊后柜神龛

长67厘米，宽42.5厘米，高85厘米

（福建傅仰敏藏）

晚明，社会好货好色、逾礼越制、浮糜奢华。在这段奢靡的历史中，福建是其中重要的一页。

"嘉靖、万历年间，福建全省，不论内地的上四府，或沿海的下四府一州，社会风气大多均随经济发展而变迁，淳朴之风渐失，变而为奢华。风气之变，侈华相高，主要表现在衣食住行，丽衣鲜服，追求时新；食必丰美，以山珍海味为寻常；住则高大厅室，经营园林；行则乘驷高车，仆从簇拥。[①]"

清代以后，闽人奢侈之风，依然如故。郭起元说："福、兴、泉、漳四郡，用物侈靡，无论其他，即冠带衣履，间动与吴闾杭越竞胜，不知彼地之膏腴，此方之瘠薄，财力之难以与也久矣。[②]"

下面分别看看明中期以后的福、兴、泉、漳四府。

清乾隆年间《福州府志》引明万历年间《福州府志土风后论》记："夫婚嫁侈靡，珠玉莹煌，商财贿也。博戏驰逐，樗蒲百万，作色相矜，必争胜者，重失召也。游闲公子，饰剑履，妖服怒马，扬扬过里门者，为富贵容也。——夫竞奢斗智，饮毒作奸，至逾度也，至干纪也。闽之俗趋利喜诈，大都流于齐矣。[③]"其中补记乾隆时期："所称陋俗，至今犹然。"

明弘治年间《大明兴化府志》言兴化府（今莆田仙游）社会风尚："恬渐竞，质渐奢。"

《隆庆志》谓："士人以礼法为拘，气节为重。……晋江人文甲于诸邑，石湖、安平、番舶去处，大半市易上国及诸岛夷，稍习机利，不能如山谷淳朴矣。……婚嫁颇尚侈，而善作淫巧之匠，导其流而波之。割裂缯帛，章施彩绣，雕金镂玉，费工十倍，且递相夸竞，岁易月更，而不知其穷。[④]""婚嫁尚侈"是奢靡风尚的重要表现，文献中屡屡提到。这里还注意到了制作者的作用，

引领潮流，雕金镂玉，费工十倍。

《安溪县志》记明嘉靖年间泉州安溪县："迩则侈美相高，用度糜费，民间稍盖匮乏，坊市中尤事花鸟，击筑弹筝之达，达于宵夜；寖失朴笃之风。[⑤]"

康熙年间《南安县志》记婚礼："但多尚华侈，殷富之家，既喜夸耀，而善作淫巧者又逐时习，复导其流而波之，裂缯施采，雕金镂玉，工费且数倍，贫者鬻产以相从，特习俗不古，挽回为难耳。[⑥]"

明代漳州人张燮著《东西洋考》，成于万历四十五年（1617年），其中记载漳州："尝见隆万初年布衣，未试子衿，依然皂帽，今则冠盖相望于道，不知何族之弟子也……[⑦]"

乾隆年间《澄海县志》记："颇尚奢侈，衣饰器皿务为华丽，以致物价腾踊，奇赢辐辏，人稠土满，生计渐艰，可厪杞忧者也。[⑧]"

当时，不但沿海地区如此，内地四州风气亦追随其后。嘉靖年间《龙岩县志》载："比来，生齿日繁，闾阎竞侈，婚丧之费，靡不可节。[⑨]"康熙年间《建阳县志》载："迩来骛于浇漓，渐于侈靡……盘飧以水陆为华美，暴殄不休，至使一食残杀多命而侈饾饤之巧。[⑩]"

清康熙年间泉州府《同安县志》记："迩来人以气力偕侈相尚，廉耻几尽。""服竞华丽，食必丰美……至于迎神赛会，动费数十金，殊为不经。[⑪]"

商品经济发达与奢靡风尚互为里表，随着市场的活跃，奢靡之风日益增强。各种"侈靡"行为的描述，铺陈出明中期以后黄花梨家具使用的大背景。在浮华日隆、竞事华侈的风尚之中，天涯海角的珍贵木材，不远千万里而来，明式家具适逢其时，快速发展。

① 徐泓：《明代福建社会风气的变迁》，《浙江学刊》2007年第5期。
② （清）郭起元：同治《福建通志》卷五十五《风俗》，《论闽省务本省用书》。
③ （清）徐景熹：乾隆《福州府志》卷二十四《风俗》。
④ （明）阳思谦、黄凤翔：万历《泉州府志》。
⑤ （明）嘉靖《安溪县志》《风俗》。
⑥ （清）刘佑修、叶献论：康熙《南安县志》卷十九《杂志之二》。
⑦ （明）张燮：《东西洋考》，中华书局，1981。
⑧ （清）金廷烈：乾隆《澄海县志》卷十九，1959年油印本。
⑨ （明）汤相、莫亢：嘉靖《龙岩县志》，龙岩市新罗区地方志编纂委员会校注，中国文史出版社，2018。
⑩ （清）康熙《建阳县志》卷一《舆地志·风俗》，康熙四十二年刊本。
⑪ （清）朱奇珍、叶心朝：康熙《同安县志》卷十四《风俗志》。

3. 黄花梨十字连方纹神龛

黄花梨十字连方纹神龛（图1-45）特点：

（1）后部为柜体，有五扇小门。各扇门上段纹饰均为十字连委角方格纹。中间为壶门式开光。下段各雕三只螭龙纹，已拐子化。

（2）前部如建筑中的前廊，立有双柱。

（3）挂檐分三格，一大二小，均透雕拐子纹。

（4）下部两块栏板以两望柱相隔，其绦环板透雕螭龙纹。

（5）座底四腿间攒框，框中为冬瓜椿圈口。

此器为漳州地区制作。

图1-45　清早中期　黄花梨十字连方纹神龛
长96.5厘米，宽45.7厘米，高71.1厘米
（选自安思远：《洪氏所藏木器百图》，2005）

第二章
架格类

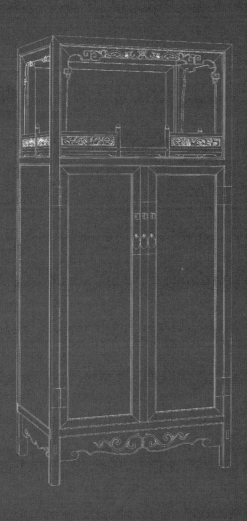

架格主要包括横向格板式、多宝格式、亮格柜式。从实物看，明式架格的演化、发展脉络是一个由虚至实、从简到繁的过程。

中包括四面敞开型、栏杆型和背板型。

第一节　横向格板式

一、四面敞开型

横向格板式架格以横向格板（屉板）分割上下空间，其

1. 黄花梨四面敞开架格

黄花梨四面敞开架格（图2-1）特点：

（1）整体极其简洁光素，正面、侧面、背面均敞开，古直无饰。

（2）有三层格板，为平镶做法。腿足较高。

此式样架格多见于闽作家具。

图2-1　明末清初　黄花梨四面敞开架格

长95厘米，宽42厘米，高195厘米

（佳士得纽约有限公司，2001年9月）

2. 黄花梨四面敞开带抽屉架格

黄花梨四面敞开带抽屉架格（图2-2）特点：

（1）正面、侧面、背面均敞开。四层格板为落堂做法。

（2）第三层格板下设一对抽屉。抽屉面起鱼门洞阳线，表明其年代偏晚。

（3）腿足间为直牙板直牙头。

此式样架格多见于闽作家具。

明万历版《屠赤水先生批评古本荆钗记》版画插图中有架格（图2-3）和书案的图像，可资了解当时的架格形态。

图2-3 明万历 《屠赤水先生批评古本荆钗记》插图中的架格和书案

（王正书：《明清家具鉴定》，上海书店出版社，2007）

图2-2 清早中期 黄花梨四面敞开带抽屉架格

长95厘米，宽42厘米，高195厘米

（选自洪光明：《黄花梨家具之美》，南天书局有限公司，1997）

3. 黄花梨钩云纹角牙架格

黄花梨钩云纹角牙架格（图2-4）特点：

（1）分为三层，四面敞开，无柜帮和背板。

（2）顶上并排置三个抽屉。第二层格板下亦置三个抽屉，且更宽大一些。

（3）各层格板平镶。

（4）腿下端置钩云纹（张嘴状）角牙（图2-4-1），这种角牙为福建工的特色。同时，以角牙代替牙板，也是年代变迁的表现。

有经手行家也指认过此架格出自福建。

图2-4 清早期 黄花梨钩云纹角牙架格
长110.7厘米，宽41.1厘米，高188.1厘米
（选自伍嘉恩：《木趣居：家具中的嘉具》，
生活·读书·新知三联书店，2017）

图2-4-1 黄花梨
钩云纹角牙架格腿
下部的钩云纹角牙

二、栏杆型

1. 黄花梨罗锅枨栏杆架格

黄花梨罗锅枨栏杆架格（图2-5）特点：

（1）分为上中下三层格板，第一层上置并排的三个抽屉。

（2）各层格板的左、后、右三面均有罗锅枨式围子，每块围子上端起宽皮条线，线下铲地平整。这含有莆田仙游工的两个特征。

（3）各层罗锅枨式围子上又置罗锅枨，两者中间连以矮老。

（4）足间置直牙板，两端微微变宽，锼出变异的钩云纹轮廓，成为一处亮点。

图2-5 清早期 黄花梨罗锅枨栏杆架格
长122.9厘米，宽45.4厘米，高182.5厘米
（佳士得纽约有限公司，1997年9月）

2. 黄花梨螭龙纹架格

黄花梨螭龙纹架格（图2-6）特点：

（1）四框和横枨面上均打洼。

（2）主体构架上有三层格板，各层三面围栏上均攒接品字棂格，
上置双环卡子花及横枨。

（3）壸门牙板上有分心花，两端回勾，面上中心雕螭尾纹（图
2-6-1），其两侧雕螭龙纹。

苏作家具中有与此器大致相同的作品，但其更多见于福建地区。

图2-6 清早期 黄花梨螭龙纹架格
长98.4厘米，宽46.4厘米，高176.5厘米
（苏富比纽约有限公司，1999年9月）

图2-6-1 黄花梨螭
龙纹架格牙板上的螭
尾纹

3．黄花梨空心十字纹架格

黄花梨空心十字纹架格（图2-7）特点：

（1）架格由上至下分为四层，第二层上置一对抽屉。

（2）四层格板上，左、后、右三面均置围栏，攒十字连空心十字纹。

（3）腿间为壸门牙板，两端出尖牙纹。四面牙板与牙头均为一木连做，用料颇为豪奢。

此款式为闽苏两地共有。

横向格板架格不断发展变化，匠师们在其围栏的式样上大展身手、各施其能，成就了太多美轮美奂的佳构。各式围栏形式上有券口式、栏杆式、直枨式、罗锅枨式、矮老式、卡子花式、圈口式，工艺上有攒框打槽装板、开光、攒楗格等。一个部位上出现如此变幻多端的装饰，在各类明式家具中，可称独一无二。它们以一系列的变化，印证了明式家具的"观赏面不断加大法则"[①]

图2-7　清早中期　黄花梨空心十字纹架格

长102厘米，宽50.5厘米，高198.5厘米

（选自王亚民：《故宫博物院藏明清家具全集》，故宫出版社，2018）

---

①"观赏面不断加大法则"是笔者提出的一个概念。其基本定义是：各个门类的明清家具，随着时间的推移，每发展一步，观赏面都会出现增益性的变化，形象上增加更多的变化信息。具体阐述详见本书第262-263页。

4. 黄花梨四面围栏架格

黄花梨四面围栏架格（图2-8）的形态不同于前述各款架格：

（1）四腿为圆材，所有横材也是混面。三层格板上，四周围以栏杆，每个栏杆下置单环卡子花，第一、第三层为椭圆形卡子花，第二层为海棠形卡子花，而且第二层栏杆两端置凹形角牙（图2-8-1），形成变化。这带有明确的闽作特征。

（2）架格正面加上了围栏，形成四面围栏，这是晚出的式样，在清中晚期都有延续。虽然其形制极简洁，但有突出的偏晚年代符号。

这种式样简洁、与常规发展形态不同、年代已晚的黄花梨家具，就是明式家具"第二条发展轨迹"[①]上的产物，也属于"后明式家具时期"的器物。

此架格具有闽作家具特点。

图2-8　清早中期　黄花梨四面围栏架格
长113厘米，宽43厘米，高165厘米
（香港两依藏博物馆藏）

图2-8-1　黄花梨四面围栏架格栏杆上的凹形角牙

---

① 笔者梳理出明式家具的三条发展轨迹："第一条发展轨迹"上的器物发展历程构成了明式家具最终通向清式家具的脉络，是"观赏面不断加大法则"的具体体现；"第二条发展轨迹"上的器物不用雕刻工艺，而是以木构件的变化或线脚的增加来完成新造型；"第三条发展轨迹"上的器物更多地还表现为明式家具风格，但在细部上，已带有清式家具符号。具体的阐述详见第245页。

三、背板型

1. 黄花梨冰裂纹架格

黄花梨冰裂纹架格（图2-9）特点：

（1）架格分为四层，平镶格板。

（2）有背板，侧面攒接冰裂纹。

（3）腿间四面置罗锅枨，为齐肩榫式。侧面加罗锅枨为明确的福建工特点。在床榻类一章中，多有表现。

图2-9　清早中期　黄花梨冰裂纹架格
长105厘米，宽48厘米，高176厘米
（选自立顿、轩尼诗：《中国家具新观点》）

第二节 多宝格式

一、几架型

1. 紫檀螭龙头纹多宝格

紫檀螭龙头纹多宝格（图2-10）特点：

（1）大框架内被纵横分割为长方形、正方形、曲尺形等多种形状的格子，共八格八层，可供陈放器物。柜框两侧中部内凹，有意解构了多宝格矩形轮廓的呆板，赋予其玲珑委婉之态，以求变化。有背板。

（2）整体设计空灵疏透、大小变幻、参差不一。这种清

式家具作品独有的疏密有致，形成了一种虚实、黑白的协调对比，充满着设计匠心。

（3）每个格子边框上都装饰了拐子纹花牙，并有螭龙头纹凸出于框架之外，这是闽作多宝格的独特风格。

（4）各格立墙攒框装心板，板上挖方形、圆形、扇形、树叶形等不同形状的透光，装饰格子左右两侧。

（5）多宝格内壁原有髹漆，后期又经新涂。福州地区制作此式样多宝格。此地髹漆工艺发达，尤其在柜子、架格上往往髹漆。

此式样多宝格原应有几子式样架托，现已遗失。

图2-10 清中期 紫檀螭龙头纹多宝格

长118.5厘米，宽49厘米，高155厘米

（中国嘉德国际拍卖有限公司，2012年香港秋季）

2．紫檀螭龙头纹多宝格

紫檀螭龙头纹多宝格（图2-11）特点：

（1）柜格被纵横分割为十格十层，可供陈放器物。大小不一的空间变化而统一，有秩序之美。格子正面多为曲尺形，个别为长方形。

（2）每个格子边框均置透雕拐子纹花牙。正面有四个探出框架之外的螭龙头纹，与拐子纹花牙构成整个螭龙纹，笔断意连，十分考究。

（3）格子中间立墙上挖出不同形状的透光，加强装饰的变化性。

（4）多宝格内壁板原有髹漆，后期又有新的涂漆。

此式样架格多见于闽作家具中。

图2-11 清中期 紫檀螭龙头纹多宝格

长107厘米，宽50厘米，高155厘米

（选自王亚民：《故宫博物院藏明清家具全集》，故宫出版社，2018）

二、柜门型

1. 紫檀西番莲纹多宝格柜

紫檀西番莲纹多宝格柜（图2-12）特点：

（1）分上下部，上部大致为三层格板，但因巧用竖墙进行变奏，形成五层五格。横格、曲尺形格、竖格交叉错落，形成与单一节奏对立的变化，这正是清式多宝格的视觉追求。

（2）各格均饰四面牙条圈口，牙条上纹饰各不相同，有西番莲纹、拐子螭龙纹、回纹、花卉飞虫纹。

（3）值得注意的是，中间的曲尺形格高起的拐角上，雕有一个凸出的螭龙头纹（图2-12-1），并与牙条上的拐子纹相连。闽作多宝格多有此式样设计。

（4）下部为一对柜门，柜门上落堂起鼓，雕西番莲纹。可见清中期闽作家具上也使用西番莲纹。

（5）柜底横枨下，牙板中间和两端雕拐子螭龙纹，图案突破牙板下沿，形成对称而优美的曲线。

此柜为福州地区制作。

图2-12 清中期 紫檀西番莲纹多宝格柜

长64厘米，宽38厘米，高129厘米

（选自朱家溍：《故宫博物院藏文物珍品大系·明清家具》，上海科学技术出版社，2002）

图2-12-1 紫檀西番莲纹多宝格柜上的螭龙纹

一般架格的格板结构为横向划一构造，当其增加了围栏、立墙、抽屉、柜门，打破了原有的式样，就成了多宝格或多宝格柜。在清雍正年间，称之为"什锦格子""宝贝格"，多宝格（阁）的称谓应来自清乾隆年后。

从清康熙时期的画像看，多宝格与雍正帝缘分匪浅。故宫博物院藏《十二美人图》第十二幅图中，在仪态万方的仕女后面和侧面，陈设着典型的清式多宝格（图2-13），其色彩不同于各色漆木家具，为黑紫色地加花纹，可以认定为紫檀制作。此多宝格，由立墙支撑格板，以正方、扁横方、竖长方的格子分割成不同的空间，其中摆放着图书、文玩、古物。

可以明确，作为清式家具的三大新款式之一的多宝格，在康熙末年间，已如画上的美妇一般出落成熟。多宝格上以攒花牙做圈口，一般会被认为是清中期的范式，但出乎常规经验的是，本图却为康熙末年之作。当时，雍正帝胤禛尚为雍亲王。

《十二美人图》是胤禛在登基前，作为皇子在王府生活时的观赏品；而故宫博物院所藏《雍正行乐图》，则是他成为皇帝后自娱自乐的自画像。这套系列画的第十五幅图（图2-14），表现了隆冬季节，雍正帝在炉边读书的场景。在人物后侧墙边，画面一角，矗立着高大的多宝格柜，清式气息强烈。其紫红色地上有木纹，为紫檀制。其上描金作画，为雍正时期特色。多宝格上部横屉纵隔交叉设计，分隔出大小不一的空间。格子边框装饰不同的拐子式花牙或罗锅枨加矮老。格子间分置抽屉，前脸均绘圈口装饰。多宝格下部为柜门，面上黑漆描金绘洞石花卉纹，合页、面叶、钮锁均呈金色，牙板上饰回纹。

此时的多宝格较《十二美人图》上的器型已"进化"了一步，加设了抽屉、柜门。

再看雍正朝《内务府造办处各作成做活计清档》（以下简称《清档》）记载："郎中海望奉旨，九州清宴陈设的宝贝格（按：多宝格）二架，系楠木，内安古玩，看着不起色，尔照此尺寸另作黑漆格二架，如隔板雕花不能做漆的，尔将两面隔断板或方形、

图2-13　清康熙　《十二美人图》第十二幅画中的多宝格
（故宫博物院藏）

圆形、腰圆形、长方形，酌量配合，俱各挖透……将格内安玛瑙、玉器、磁铜古玩等件、座子、架子，内有应漆做收拾、改做、另做者，尔照朕指示做样呈览，准时再做。钦此。[1]"

在《清档》记载中，类此"旨意"的还有多条，不再一一列举。但可归纳出：无论是在表面不问世事的"天下第一闲人"的亲王之际，还是在朝乾夕惕的帝王时光，堪称千古帝王楷模的雍正，一直都对多宝格情有独钟。

这些多宝格，正视，形态多变，琳琅满目；侧视，亦有方圆各式不同透光，变幻无穷。它从出现到定型，都可以看出，"观赏面不断加大法则"的魔力一直发挥着效力，不管是在幽深的王府里，还是在森严的紫禁城中。

图2-14 清雍正 《雍正行乐图》第十五幅画中的多宝格柜
（故宫博物院藏）

①《内务府造办处各作成做活计清档》（雍正七年五月二十八日），台北故宫博物院，2003。

2. 鸡翅黄杨木多宝格柜

鸡翅黄杨木多宝格柜（图2-15）特点：

（1）上部为亮格，界分成四格。

（2）各格内嵌黄杨木牙条，拐子纹和螭尾纹交叉其上，对称又富于变化。

（3）右下最大一格内，有两只螭龙头纹，雕工不精，但特色鲜明。福建地区多宝格上常常有螭龙头纹横空而出。

（4）下部柜门分上下两段。上段装楠木板，长方委角开光中雕螭龙纹；下段为光素的鸡翅木板。

（5）前面两腿间，置透雕螭龙纹黄杨木牙板，螭龙纹与拐子纹相间，两端回勾。侧面腿间为直枨。

此类黄杨木与鸡翅木结合的家具，多见于福州及以北地区。

图2-15 清中期 鸡翅黄杨木多宝格柜
长83厘米，宽38.5厘米，高143厘米
（北京保利国际拍卖有限公司，2013年秋季）

第三节 亮格柜式

亮格柜是架格与柜的结合体，又称为"万历柜"。明式家具最早流行使用的年代为明万历朝，而以万历为名的家具只有万历柜一种，为何如此？暂时无解。这正像一些明式家具的名称由来一直是历史之谜一样。虽然名为万历柜，但是此类遗物实证几乎全是清早期及其后之作。亮格柜可分为直腿型和三弯腿型。

图2-16-1 黄花梨螭龙纹亮格柜栏板上的螭龙纹

一、直腿型

1. 黄花梨螭龙纹亮格柜

黄花梨螭龙纹亮格柜（图2-16）特点：

（1）上部为横竖牙板组成的券口，横牙板中间雕一对螭尾纹，竖牙板亦雕螭尾纹。

（2）券口下为望柱及高低栏板，两侧高栏板心板上雕大小三个螭龙纹（图2-16-1）。高栏板中间连以矮栏板。

（3）腿间宽大的牙板中间雕方折化螭尾纹，两旁雕螭龙纹。

（4）上下横材在柜框上出榫头，成为装饰结构。

此式样在闽作家具、苏作家具中均有制作。

图2-16 清早期 黄花梨螭龙纹亮格柜
长76.5厘米，宽45.5厘米，高145.6厘米
（苏富比纽约有限公司，2007年3月）

2. 黄花梨螭龙纹亮格柜

黄花梨螭龙纹亮格柜（图2-17）特点：

（1）亮格上安对开双门，门框中套攒长方框，其上下左右连以扁圆卡子花，形成空透的视觉效果。

（2）下部柜门内装有一对抽屉，抽屉框上，钉有一对门鼻，当柜门关上时，门钮头穿过门框和面叶，在门外可上锁。

（3）两前腿间牙板上，左右各雕螭龙纹，两螭龙之间为螭尾纹，构成左右两组子母螭龙纹，意为苍龙教子。牙板下沿左右各出双牙纹，两端为钩云纹。两螭龙纹中间的螭尾纹亦近拐子纹状。两端上演变出"塔状"纹饰（图2-17-1），也是螭尾纹的简化和演变。侧面牙板上，螭尾纹基本演化为拐子纹，上下亦有塔状纹饰。

此式样亮格柜出产于福建地区。

图2-17 清早期 黄花梨螭龙纹亮格柜
长98.4厘米，宽49厘米，高157厘米
（中贸圣佳国际拍卖有限公司，2020年春季）

图2-17-1 黄花梨螭龙纹亮格柜牙板螭尾纹上的塔状纹饰

二、三弯腿型

1. 黄花梨螭龙纹三弯腿亮格柜

黄花梨螭龙纹三弯腿亮格柜（图2-18）特点：

（1）上部为亮格，上段券口横竖牙板上均雕相背的回纹，边缘为双牙纹。

（2）券口下为围栏，面上中心雕一对小螭龙纹，两端为大螭龙纹，成为两对大小螭龙纹，表达苍龙教子之意。

（3）柜门落堂踩鼓，其年代一般晚于平镶门板。

（4）下部如地桌，有束腰。牙板为壸门式，下缘两端出双牙纹，面上雕完整的方折化拐子纹。

（5）三弯腿，足上雕内卷云纹。

此式样亮格柜在闽作家具、苏作家具中均有制作。

图2-18 清中期 黄花梨螭龙纹三弯腿亮格柜
长115厘米，宽57.5厘米，高187厘米
（选自王世襄：《明式家具珍赏》，文物出版社，2003）

螭龙纹兴起于春秋战国，盛于两汉，此后历代螭龙纹基本沿袭汉代螭龙造型。从大量出土的汉代玉器可见螭龙纹样曾盛极一时。汉代玉剑璲和玉璧上的图案中，常有一大一小两条螭龙，往往大螭龙占据器物的大部分空间，而小螭龙居于一隅。大小螭龙两首相对，或是大螭龙回头顾看小螭龙，或是小螭龙回首仰望大螭龙，两螭龙的构图都表达了两辈间一种特殊的、和谐的亲密感。

螭龙纹经过汉魏时期的盛行，至唐代衰落，到了宋代又再次复古风行。至明代，复古之风气更盛，仿古题材的螭龙纹卷土重来，广见于各类工艺品上，明朝称此种大小螭龙为子母螭。子母螭的形象在明代的玉器、瓷器、家具等多种工艺品上广泛流行，其形象基本沿袭汉制，直至清代。

以图形表达复杂的观念，概括一种事物，象征某种逻辑，这从先古以来就广泛存在。任何图案符号都是历史的产物，其含义在历史的长河中不断演化，会随着环境变迁产生新的意义，或丧失旧的内涵。

清代以后，在各类绘画、工艺品上都出现了大小龙的形象，有螭龙纹也有云龙纹，都被赋予苍龙教子、教子冲天的含义。

明式家具从光素走向图案装饰后，将子母螭龙的"教子冲天"含义引申为家庭教育的象征。教子的含义在家具使用中进一步被深化，以子母螭龙为主体的螭龙纹体系应运而生，成为明式家具的主流纹饰。

在所有的古代工艺品中，明式家具上的螭龙纹最多，这绝非偶然。广泛的教子符号代表着家具主人对于后代成才的期盼和激励。明清时期，科举制成熟，教子成才是与读书、科考、成就人生的社会大背景相关联的。新婚之际，祈子、教子已成为重要的家庭主题。小小的螭龙纹也折射出清早期学子们可以通过学习考试向上层社会跃迁的社会机制。

文学中，有拟人化的修辞方法，是把本来不具备人的动作和感情的事物形容为具有和人一样的动作和感情。子母螭龙的形象则是在绘画中以动物象征人类，子母螭龙被赋予了人格，再现一个家庭的成员及其关系。大螭龙对小螭龙的教育、教训的神态，构成子母螭形象的基本要素。怒张的大嘴成为教子特征，成为彰显其寓意的符号。巧匠大手笔地删却烦琐细巧的线条，将张嘴的形象概括、提炼为一种形态夸张、含义明晰的标志。

在子母螭龙"侧面、张嘴"形象出现于明式家具上之前，螭龙纹在各种工艺品上呈现的是"正面、闭嘴"的形象。如果说不敢断言"张嘴"这个特征首先出现于明式家具上，那么说它最集中、最多表现在明式家具上是无疑的。只有明式家具上才有如此之多的张嘴螭龙，其原因与明式家具制作的功用相关。

螭龙纹是横跨于柴木家具和硬木家具两界、明式家具与清式家具发展全程的纹饰，它是明清家具纹样的核心。所有的历史图案"碎片"都有历史的含义。螭龙纹背后是一条完整的历史观念和社会价值的链条。

无处不在的螭龙纹数量如此之大，形式如此之多，时间跨度又如此之长。这会令人不由自主地思考，那个社会的家具上为什么没完没了、翻着花样雕刻这种图案，是否还有更具体而微的原因？这需要更深入的研究，笔者权且表述两个推论：

一是当时人对螭龙纹存在类似图腾式的崇拜。尽管图腾是远古蒙昧时期的产物，但在求学、科举求仕的狭窄人生晋升通路上，任何人都会产生一种求神心理，求助超自然力量帮助自己获得成功。这也有些像为了求子，便在婚娶活动中使用麒麟纹、石榴纹一样。螭龙纹在明式家具上大行其道，是当时科举制度下强大社会心理的反映。

古人认为，图像和现实间有一种神奇的关系，图像就意味着甚至等同于人们要表达的想法与愿望。后来，演化为同音、形似之物都有了实际的意义。

二是当时还可能存在一种风尚：有没有这种教子符号，是区别一个家庭高贵优秀与否的一种标志。使用螭龙纹可以赢得社会尊重，一个家庭或家族高调炫示这种教子纹饰，能够获取社会的推崇和赞誉。这种纹饰是一种彰显社会身份和品位的手段。

2. 紫檀拐子螭龙纹亮格柜

紫檀拐子螭龙纹亮格柜（图2-19）特点：

（1）上层为亮格，上侧两角缀拐子螭龙纹角牙，可见对清早期黄花梨家具上螭龙纹形态的传承。拐子螭龙纹面上打洼。下部栏板上雕扯不断纹，面上亦打洼。

（2）柜门落堂做，面上打洼。

（3）柜框打洼，整个柜子各个面均以打洼形式装饰。

图2-19 清早中期 紫檀拐子螭龙纹亮格柜
长118.1厘米，宽48.9厘米，高193厘米
（佳士得纽约有限公司，2004年9月）

3.黄花梨鸾凤纹亮格柜

黄花梨鸾凤纹亮格柜（图2-20）特点：

（1）亮格三面置券口，其下有栏杆，雕螭龙纹和寿字纹。

（2）柜门分为上下两段。柜门上段开光中雕鸾凤纹，下段开光雕喜鹊牡丹纹。

在传统文化的图像谱系中，两只美丽的凤鸟脉脉含情，或依偎，或相对，历史上称之为"鸾凤"，蕴含"鸾凤和鸣"之意，象征夫妻恩爱。鸾凤和鸣这个成语也是古今婚礼上的祝贺之辞。在神话中，鸾为雄鸟，形象上有多个尾羽；凤为雌鸟，只有一个尾羽。鸾凤相互应和鸣叫，比喻夫妻和谐。

一鸾一凤，深情脉脉之形象，宁静和谐，优美典雅，不同于的"子母螭凤纹"图案中的瞠目而视、张嘴呼喊的形象。

在上古时期，双凤纹以凤凰相称时，凤为雄、凰为雌。春秋《左传·庄公二十二年》言："是谓凤凰于飞，和鸣锵锵。"但是，当鸾与凤的组合概念形成时，按照阴阳五行说，凤就有了另外的雌性诠释。元代白朴《梧桐雨》第一折言："夜同寝，昼同行，恰似鸾凤和鸣。"明末冯梦龙《醒世恒言》第一卷《两县令竞义婚孤女》云："鸾凤之配，虽有佳期；狐兔之悲，岂无同志。"清代蒲松龄《聊斋志异·陆判》道："岂有百岁不拆之鸾凤耶！"这里的凤均指女性。

在明式家具上，多见鸾凤纹，代表性作品极多。此式样柜子见多于闽作家具和苏作家具中。

图2-20 清早中期 黄花梨鸾凤纹亮格柜

长126.5厘米，宽57厘米，高195.5厘米

（选自王世襄：《明式家具珍赏》，文物出版社，2003）

第三章
床榻类

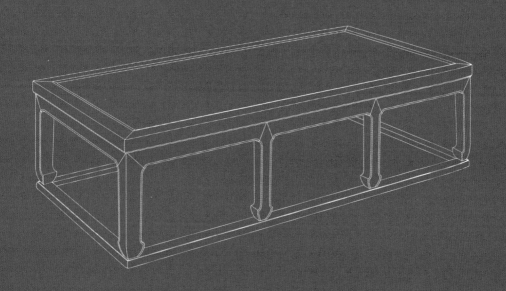

图3-2 明万历《月露音》
版画插图中的四面平榻
（台北故宫博物院：《明代版
画丛刊》）

床榻类主要包括榻、罗汉床、架子床、拔步床等。

第一节 榻 式

榻大致可以分为四面平型、变体四面平型、八足型、直腿马蹄足型、小挖马蹄足型、圆裹圆罗锅枨型、直牙板直牙头型。

一、四面平型

1. 黄花梨四面平榻

黄花梨四面平榻（图3-1）特点：

（1）大边、抹头与四面牙板、腿足上下基本呈平齐状，此类形态称为四面平式。

（2）直牙板与腿圆角相交。

（3）四腿为直腿，马蹄足磨损严重。榻心为藤编软屉。

此式样四面平榻在闽作家具、苏作家具中均有制作。

明万历年间散曲选集《月露音》版画插图上的四面平榻（图3-2）展现了明晚期四面平榻的形态，可作为研究同期明式家具的参考资料。

图3-1 明末清初 黄花梨四面平榻
长203.7厘米，宽67.7厘米，高47.8厘米
（选自叶承耀、伍嘉恩：《燕几衍榻：攻玉山房藏中国古典家具三》）

二、变体四面平型

1. 黄花梨变体四面平榻

黄花梨变体四面平榻（图3-3）特点：

（1）大边、抹头喷出于四面牙板、腿足之外。此类形态称为变体四面平式或假四面平式。

（2）边抹为冰盘沿。直牙板边沿起线，与腿小圆角相交。

（3）四腿为直腿。腿间置罗锅枨，罗锅枨上弯处接近腿部，面上饰多条阳线。

（4）高马蹄足略有磨损。榻心为藤编软屉。

此式样在闽作家具中有制作，多为莆田仙游作品。

图3-3 明末清初 黄花梨变体四面平榻
长209.6厘米，宽87厘米，高52.7厘米
（选自叶承耀：《楮檀室梦：攻玉山房藏明式黄花梨家具二》）

三、八足型

1. 黄花梨变体四面平八足榻

黄花梨变体四面平八足榻（图3-4）特点：

（1）大边、抹头略微喷出（图3-4-1），为变体四面平式。

（2）直牙板。八腿为直腿。马蹄足略高，足下承以托泥。

（3）榻心为藤编软屉。

此式样为闽作家具风格。

明代小说《西厢记》插图中可见八足榻（图3-5）。

图3-5 明 《西厢记》插图中的八足榻

（台北故宫博物院：《明代版画丛刊》）

图3-4-1 黄花梨变体四面平八足榻喷出的边抹

图3-4 明末清初 黄花梨变体四面平八足榻

长194.3厘米，宽104.7厘米，高50.8厘米

（选自罗伯特·雅各布逊：《明尼阿波利斯艺术馆藏中国古典家具》，明尼阿波利斯艺术馆，1999）

四、直腿马蹄足型

1. 黄花梨束腰马蹄足榻

黄花梨束腰马蹄足榻（图3-6）特点：

（1）大边、抹头面沿为混面，上下边起线。

（2）束腰极矮，牙板与束腰一木连做。直牙板与四足小圆角相交。

（3）直腿粗壮，马蹄足极高。马蹄足显示出偏晚年代的风格特征，应为清早期以后制作。

清早中期乃至以后，某种光素的器物，形态比以前器物，未有大变，仅在细部小符号（如高马蹄足）上表现出新时代特征。它们是明式家具"第三条发展轨迹"上的作品。

此式样具有莆田仙游地区家具风格。

图3-6　清早中期　黄花梨束腰马蹄足榻

长205厘米，宽127厘米，高49厘米

（选自侣明室：《永恒的明式家具》，紫禁城出版社，2006）

五、小挖马蹄足型

1. 龙眼木小挖马蹄足榻

龙眼木小挖马蹄足榻（图3-7）特点：

（1）榻盘攒框，榻心为软屉。

（2）榻盘混面，下压一边线。榻盘下有矮束腰，与牙板一木连做。

（3）牙板中段极窄，两端出宽牙嘴与腿大圆角相交。牙板较厚。

（4）四腿粗壮，足端为小挖马蹄足，外直内弯。

（5）足端磨损较少，可见此榻年代偏晚。

此龙眼木榻的牙板形态，对于我们了解闽作黄花梨家具的牙板，有重要的参考意义。

此榻具有莆田仙游做工的代表性。

图3-7　清中晚期　龙眼木小挖马蹄足榻
长202.2厘米，宽130.1厘米，高55厘米
（苏富比香港有限公司，2017年秋季）

2．黄花梨螭龙纹榻

黄花梨螭龙纹榻（图3-8）特点：

（1）榻盘冰盘沿，上下起边线。

（2）束腰上长方形开光起粗线，线外大铲地，开光线内透雕拐子纹。

（3）膨牙板中心透雕拐子纹，两旁各雕抽象化的拐子螭龙纹（图3-8-1），

外侧各雕写实化的拐子螭龙纹，两端再以拐子纹收尾。

（4）四腿为鼓腿，马蹄足较高，腿肩处阴刻回纹。

此榻纹饰带有明显的清中期漳州工艺特色。

图3-8-1　黄花梨螭龙纹榻牙板上的拐子螭龙纹

图3-8　清中期　黄花梨螭龙纹榻

长207厘米，宽78.5厘米，高53.5厘米

（邦瀚斯拍卖有限公司，2014年秋季）

六、圆裹圆罗锅枨型

1.黄花梨垛边圆裹圆罗锅枨榻

黄花梨垛边圆裹圆罗锅枨榻（图3-9）特点：

（1）榻盘下有一层垛边。

（2）腿足较粗，腿间置圆裹圆罗锅枨，罗锅枨
上置矮老。床盘、垛边和罗锅枨，三者厚度相
近，形成连续的节奏感。

（3）四腿侧脚明显。

此式样为闽苏两地共有。

图3-9　明末期　黄花梨垛边圆裹圆罗锅枨榻
长212厘米，宽109厘米，高49.5厘米
（佳士得纽约有限公司，2003年9月）

七、直牙板直牙头型

1．黄花梨直牙板直牙头榻

黄花梨直牙板直牙头榻（图3-10）特点：

（1）榻心为软屉，边抹为冰盘沿，直牙板与直牙头格角（45°角）相交。

（2）四腿为扁圆腿，侧面为双横枨（图3-10-1）。

（3）榻体修长优美，此式样榻存世极少。

有类似的案形榻或条桌形榻遗存，常为条案或条桌断腿后改造而成。考察其是否改过：一是看榻底是否原汁原味，有无后改软屉的痕迹；二是看相关构件是否位置合理，如侧面双枨与榻腿高度位置是否协调，如果榻为条案锯腿后改做，其双枨位置一定偏低。观察本榻，其里外为原始皮壳，榻底尤其是软屉与边框接合处灰漆风化斑驳自然（此榻恰好有灰漆，为苏作作品），且双枨位置在腿部上方。

此款式为一类经典的款式，为闽苏两地共有。

图3-10-1　黄花梨直牙板直牙头榻的侧面双枨

图3-10　明末清初　黄花梨直牙板直牙头榻

长174厘米，宽57.5厘米，高52厘米

（广东留余斋藏）

图3-11-1 黄花梨直牙板罗汉床侧面

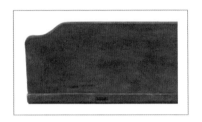

图3-11-2 黄花梨直牙板罗汉床正面围子背面（局部）

图3-11 明末清初 黄花梨直牙板罗汉床

长202.5厘米，宽86.4厘米，高91厘米

（苏富比香港有限公司，2015年秋季）

第二节 罗汉床式

罗汉床是一个佳作纷出、绚丽多姿的家具品类，可分为罗锅枨曲线围子型、宽外翻边围子型、直腿马蹄足型、直腿直足型、鼓腿型、直圆腿型、扇活套框型。罗汉床围子又分成独板、攒接、嵌石板、浮雕、透雕等形态。这里的分型不是严格的并列分类关系，而是存在着交叉形态。分型标准只着眼于器物的某个具体特点。

一、罗锅枨曲线围子型

此型罗汉床正面围子上沿为罗锅枨式曲线，围子中段高，两端有下凹曲线。其中，可以分为束腰和无束腰两种。

1. 黄花梨直牙板罗汉床

黄花梨直牙板罗汉床（图3-11）特点：

（1）三面围子均为独板。正面围子上沿为罗锅枨式轮廓，中段高，两端有下凹形弧线，曲线柔和。下凹的弧线消解了宽大围子的单调。肥材瘦用，用料豪奢，是为闽作的"炫奢"表现。

（2）侧面围子（图3-11-1）前端为方圆角。

（3）三面围子上沿（图3-11-2）均轻微外翻，形成粗阳线，称为"外翻边"。这看似轻巧的外翻，实为厚料薄用，需大面积铲地，将一部分料废弃。

（4）床盘与腿足为变体四面平结构，边抹稍喷出，面沿平直。方直腿与牙板小圆角相交，腿较高，马蹄足磨损严重。前后腿间，原来应有罗锅枨。此罗汉床具有莆田仙游工的代表性。

2. 黄花梨直牙板罗锅枨罗汉床

黄花梨直牙板罗锅枨罗汉床（图3-12）特点：

（1）三面围子均为独板。正面围子上沿中间一段高，两侧低，为罗锅枨式轮廓。两侧围子拐角处也呈现下凹的曲线。正侧围子上沿外侧均起粗阳线，形态为外翻边（图3-12-1）。

（2）前后腿间有罗锅枨，这是闽作家具特征，而且是重要特征。

此罗汉床极其具有莆田仙游家具代表性。

图3-12 明末清初—清早期 黄花梨直牙板罗锅枨罗汉床
长206厘米，宽80厘米，高82.5厘米
（中国嘉德国际拍卖有限公司，2017年香港秋季）

图3-12-1 黄花梨直牙板罗锅枨罗汉床侧面围子上的外翻边

3. 鸡翅木直牙板罗汉床

鸡翅木直牙板罗汉床（图3-13）特点：

（1）三面围子均为独板，正面围子上端有罗锅枨曲线，侧面围子前端下凹。

（2）床盘边抹上下边起线，中间铲平。

（3）床盘为变体四面平式，腿间有窄牙板。

（4）四腿为直腿，扁宽形状显著。

（5）侧面腿间有罗锅枨，起弯生硬（图3-13-1）。

（6）马蹄足已磨矮。

此罗汉床为莆田仙游制作。

鸡翅木在闽作家具中使用广泛，尽管它在苏作家具中也存在，但两者使用量对比悬殊。

图3-13-1　鸡翅木直牙板罗汉床罗锅枨上的起弯处

图3-13　清早中期　鸡翅木直牙板罗汉床
长211.2厘米，宽87.6厘米，高87.2厘米
（佳士得纽约有限公司，2015年3月）

4．黄花梨束腰直腿罗汉床

黄花梨束腰直腿罗汉床（图3-14）特点：

（1）三面独板围子。正面围子上沿为罗锅枨式曲线，中段高，两端呈现下凹的曲线。

（2）正侧围子外侧边缘均起外翻边粗阳线，为求一线之美，豪放地铲去大面积材料。

（3）围子顶端后高前低，呈坡状。前面两例黄花梨罗汉床也是如此。

（4）床盘面沿的下半部铲地，造出高低台阶状线脚（图3-14-1），这是闽作家具的特征。矮束腰。

（5）前后腿间有罗锅枨，也是闽作家具的重要特征。

本例为莆田仙游制作的有束腰罗汉床，区别于同型罗汉床的无束腰式样。

图3-14-1　黄花梨束腰直腿罗汉床床盘面沿上的台阶状线脚

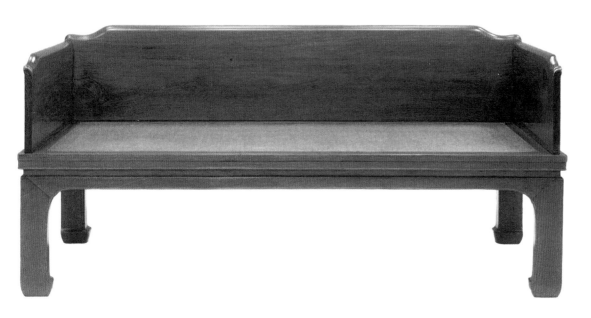

图3-14　明末清初—清早期　黄花梨束腰直腿罗汉床
长203厘米，宽101.5厘米，高94厘米
（选自洪光明：《黄花梨家具之美》，南天书局有限公司，1997）

5. 鸡翅木独板围子罗汉床

鸡翅木独板围子罗汉床（图3-15）特点：

（1）正面围子上沿中间高、两头低，为罗锅枨曲线状。侧面围子上沿为半个罗锅枨曲线状。

（2）床盘面沿分上中下三段：上段平直，中段上舒下敛，下段压一平线。

（3）矮束腰与牙板一木连做。

（4）牙板中间窄，两端宽，形成"牙嘴"。牙板面虽窄，但进深很厚。

（5）牙板和四腿边沿起粗线并交圈。直腿扁宽，内翻马蹄足。

有的闽作黄花梨罗汉床围子上沿是内倾、外翻边的（图3-11、图3-12、图3-14），但本书收录的两例鸡翅木罗汉床围子上沿没有内倾、外翻边之式。

可见鸡翅木罗汉床较之黄花梨罗汉床做法简单。

此罗汉床具有莆田仙游家具特点。

图3-15 清早期 鸡翅木独板围子罗汉床
长203.5厘米，宽99.5厘米，高89.5厘米
（中国嘉德国际拍卖有限公司，2005年秋季）

6. 黄花梨束腰罗汉床

黄花梨束腰罗汉床（图3-16）特点：

（1）三面围子均为独板。正面围子中段高、两端低，
形成罗锅枨曲线状。侧面围子呈半个正面围子状。

（2）床盘宽厚，边抹为冰盘沿，下有矮束腰。

（3）四腿粗壮，为外直内弯形。

此式样罗汉床在莆田仙游地区有制作。

图3-16 清早中期 黄花梨束腰罗汉床

长203.7厘米，宽121.9厘米，高81.2厘米

（选自原美国加州中国古典家具博物馆：《中国古典家具1984—2003》，香港定向杂志有限公司）

7. 鸡翅木束腰罗汉床

鸡翅木束腰罗汉床（图3-17）特点：

（1）三面独板围子。正面围子上沿为罗锅枨式曲线，中间一段高，两端呈下凹形弧线，突显曲线柔和的变化。侧面围子前端亦为下凹形弧线。

（2）三面围子上端均有外翻边。

（3）榻盘下有矮束腰。牙板偏窄，两端渐宽，出牙嘴。

（4）四腿外直、内微弯，明显较高。马蹄足高。

此床为莆田仙游、漳州等地做工。

图3-17　清早期　鸡翅木束腰罗汉床
长200厘米，宽121.2厘米，高80厘米
（佳士得纽约有限公司，2012年11月）

8. 铁梨木团螭龙纹罗汉床

铁梨木团螭龙纹罗汉床（图3-18）特点：

（1）正面围子上浮雕三个团形螭龙纹（图3-18-1），身尾回卷过首。侧面围子上各雕两个相同的团形螭龙纹。

（2）榻心为活床屉（床屉可拿出）。

（3）矮束腰，膨牙板。小挖马蹄腿，足部很高。

铁梨木在闽作家具中广泛使用，当地人将其列入杂木之列。此罗汉床具有闽作家具的代表性。在莆田仙游、漳州地区，还有鸡翅木制作的同款罗汉床。

此种罗锅枨曲线围子罗汉床的床盘和腿足有多种结构形式：束腰鼓腿膨牙式、四面平式、束腰直腿马蹄足式。

图3-18-1　铁梨木团螭龙纹罗汉床正面围子上的团形螭龙纹

图3-18　清中期　铁梨木团螭龙纹罗汉床
长207.8厘米，宽129厘米，高81.5厘米
（选自罗伯特·雅各布逊：《明尼阿波利斯艺术馆藏中国古典家具》，明尼阿波利斯艺术馆，1999）

9. 黄花梨灵芝纹罗汉床

黄花梨灵芝纹罗汉床（图3-19）特点：

（1）三面围子均为独板。正面围子中段高、两端低，形成罗锅枨曲线。侧面围子呈半个正面围子状。

（2）床盘宽厚，边抹为冰盘沿，下有矮束腰。

（3）腿形为外直内弯形。壶门牙板中心有分心花，分心花上突兀地雕灵芝纹（图3-19-1），略显生硬。这一点十分引人瞩目且令人深思。整个床体光素，仅雕此灵芝纹。此床的制作整体上不求华藻，但又必须加上这一点小小的装饰。这小小的装饰如此重要，以至制作者已不顾它的出现与全床风格有所冲突。无此灵芝纹，全床的线条将更加简洁流畅，浑然一体。突如其来的灵芝纹，明确地表明这是制作者特意的安排。不然不会如此，他处皆光素，此地独灵芝。

笔者根据众多实物推测：灵芝纹应是螭凤纹的表现体，代表着螭凤纹，也就是代表着女性。进一步可推论：有灵芝纹的器物为女性的陪嫁品。故此床上，此纹有具体而微的含义，是针对性极强的图案。

灵芝纹有时出人意表地出现在某件光素器物上，是有象征意义的，是有"所指"的。如果泛泛地说它是祥瑞、吉祥的符号，就会缺乏解读的针对性和具体性，显得苍白无力。

此式样罗汉床于闽作家具中较多，但是，不排除苏作家具中也有。

图3-19-1 黄花梨灵芝纹罗汉床分心花上的灵芝纹

图3-19 清早中期 黄花梨灵芝纹罗汉床

长218.5厘米，宽114厘米，高79厘米

（选自朱家溍：《故宫博物院藏文物珍品大系·明清家具》，上海科学技术出版社，2002）

10.黄花梨螭龙纹罗汉床

黄花梨螭龙纹罗汉床（图3-20）特点：

（1）正面围子上沿呈罗锅枨式曲线，中段高、两头低。侧面围子上沿为半个罗锅枨式曲线。

（2）正面围子上雕一对双首相向的螭龙纹，中间为火珠纹（日纹）。侧面围子上雕回首螭龙纹（图3-20-1）。两者共同构成大小螭龙组合。

（3）床盘为混面，下有矮束腰。

（4）壸门牙板有分心花，在牙板面中间顺着分心花向两侧雕出一对草芽纹。

（5）直腿微弯，马蹄足内翻。

全器华美，同时具有多种曲线，带来柔和、优雅的气质。

此式样罗汉床在闽作家具中有制作。

图 3-20-1　黄花梨螭龙纹罗汉床侧面围子上的螭龙纹

图3-20　清早中期　黄花梨螭龙纹罗汉床

长207.4厘米，宽107厘米，高77.2厘米

（佳士得纽约有限公司，2002年9月）

11. 紫檀大理石板罗锅枨罗汉床

紫檀大理石板罗锅枨罗汉床（图3-21）特点：

（1）正面围子上置罗锅枨，中间高、两边低，枨下有两枚团螭龙纹卡子花。正面围子分三段，各装有心板，其上浮雕多个大小不同的拐子螭龙纹（图3-21-1）。

（2）侧面围子上置半个罗锅枨。卡子花、心板纹饰与正面围子相同。其外侧嵌大理石板。

（3）床盘的冰盘沿向下内收强烈，中间打洼，下压窄线。矮束腰与牙板一木连做。牙板中段极窄，两端宽出，与直腿大圆角相交。

（4）四腿为直腿，方马蹄足面上浮雕回纹。前后两腿间有罗锅枨。

此床为福建漳州等地做工。

图3-21　清中期　紫檀大理石板罗锅枨罗汉床

长205厘米（宽与高尺寸不详）

（苏富比伦敦有限公司，2015年秋季）

图3-21-1　紫檀大理石板罗锅枨罗汉床正面围子上的拐子螭龙纹

12. 龙眼木束腰罗汉床

龙眼木束腰罗汉床（图3-22）特征：

（1）三面独板围子。正面围子上沿为罗锅枨式曲线，中间高、两端低。

（2）侧面围子上沿呈半个罗锅枨式曲线。

（3）床盘为混面，下压边线。

（4）束腰比较高。膨牙板中段较窄，两端出大牙嘴，与鼓腿大圆角相交。

（5）鼓腿下接小挖马蹄足，足下垫龟足。

（6）龙眼木特有的虎皮斑纹已被风化得凹凸不平。

此龙眼木罗汉床更加确凿地说明：围子上沿为罗锅枨式曲线的黄花梨等

材质罗汉床为闽地家具。

图3-22　清　龙眼木束腰罗汉床
长201厘米，宽94厘米，高92.7厘米
（苏富比纽约有限公司，1994年3月）

13. 鸡翅木罗锅枨罗汉床

鸡翅木罗锅枨罗汉床（图3-23）特点：

（1）正面围子上端为罗锅枨，枨下中间有一对双首相向的螭龙纹卡子花，两端各有一个小螭龙纹卡子花。围子下部分分为左中右三段，每段各攒风车式棂格。

（2）侧面围子状如半个正面围子。

（3）矮束腰打洼，上下起线，表明其年代较晚。

（4）牙板中间垂洼堂肚，两侧或镂空，或阴刻拐子纹，这是典型的漳州家具牙板雕饰，可据此推断同式样黄花梨家具的产地。

（5）四腿间均置罗锅枨，与黄花梨架子床的罗锅枨形态相仿。

图3-23 清中晚期 鸡翅木罗锅枨罗汉床
长194厘米，宽55厘米，高98厘米
（选自中国国家博物馆：《简约·华美：明清家具精粹》，中国社会科学出版社，2007）

二、宽外翻边围子型

1. 黄花梨束腰直牙板罗汉床

黄花梨束腰直牙板罗汉床（图3-24）特点：

（1）三面独板围子。正侧面围子外侧边缘均起宽阳线，形成宽外翻边。这也是为求一线之美，豪放地铲去大面积材料的做法。

（2）床盘边抹极高，面沿中间打洼。下有束腰。

（3）窄牙板两头出牙嘴，与直腿圆角相交。

此罗汉床的宽外翻边与前几例罗汉床（图3-11、图3-12）的围子上沿外翻边有异曲同工之妙，实为其发展变化形态。此类外翻边围子形态还可见于下例黄花梨绿石板罗汉床（图3-25）。

此罗汉床具有莆田仙游家具的代表性。

图3-24 清早期 黄花梨束腰直牙板罗汉床

长214.5厘米，宽93.5厘米，高80厘米

（选自邓南威：《隽永姚黄：中国明清黄花梨家具》，生活·读书·新知三联书店，2016）

2．黄花梨绿石板罗汉床

黄花梨绿石板罗汉床（图3-25）特点：

（1）三面围子上均嵌绿石板，正面围子嵌左中右三块，两侧围子各嵌两块。绿石板常见于闽作家具上。

（2）三面围子上沿均外翻，形成宽外翻边。

（3）床盘面沿上段平直，中段内收，下段压窄线。

（4）直腿扁宽，内翻小马蹄足，足下垫球，略呈方形。

这种马蹄足下垫球的罗汉床在闽作家具中较常见。

此罗汉床具有闽作家具的代表性。

图3-25　清中期　黄花梨绿石板罗汉床
长198厘米，宽83.5厘米，高83.5厘米
（北京翰海拍卖有限公司，2004年秋季）

三、直腿马蹄足型

1. 黄花梨万字纹罗汉床

黄花梨万字纹罗汉床（图3-26）特点：

（1）正面围子高，侧面围子低。三面围子上均攒万字纹棂格，二方连续。万字纹左右不对称。按常规来讲，攒接图案应是对称的，但攒接万字纹图案不对称的不仅此例。笔者推测，古人在万字纹围子上没有刻意追求对称的"规范"。

（2）床盘面沿分上中下三段，上段平直，中段圆弧内收，下段压一条边线。

（3）矮束腰与牙板一木连做，直牙板与腿小圆角相交。

（4）四腿为直腿，内翻马蹄足，足已磨损得较矮。

知情者云：此床出自福建。但不排除，苏地、闽地通用此式。

图3-26 明末清初 黄花梨万字纹罗汉床
长201厘米，宽97.5厘米，高78厘米
（选自《风华再现——明清家具收藏展》，1999）

2. 黄花梨曲尺纹罗汉床

黄花梨曲尺纹罗汉床（图3-27）特点：

（1）三面围子均攒接曲尺纹。

（2）床盘边抹面沿宽厚，中间打注。其立面较宽，上横面较窄，故行家称之为"立边"。

（3）由于床盘大边的上横面较窄，一般难以直接裁口穿藤心，所以立边做法的罗汉床、架子床多用活屉。床加上活屉后，加大了边抹的横面，俯视时宽度感合理。此床将材料宽大的一面示人，看面美观而用料又不会太大，这是匠人的巧思。

这种床面有的两面都可以用，一面是硬屉，一面是软屉，设计十分科学。

此床兼有闽作家具和广作家具的风格。

图3-27　明末清初　黄花梨曲尺纹罗汉床
长201厘米，宽119厘米，高86厘米
（选自莎拉·韩蕙：《中国建筑学视角下的明式家具》，2005）

3. 黄花梨高腿罗汉床

黄花梨高腿罗汉床（图3-28）特点：

（1）腿子偏高，如果马蹄足完整，会更显高挑。

（2）三面围子本为独板，但均大面积铲地，呈攒框装板之貌。这种大面积铲地的做法未见于苏作家具上，是莆田家具特色，也见于其他罗汉床上。他例见铁梨木螭龙纹弧形大边宝座（图4-90）。

（3）牙板极窄，但进深较厚。

前人曾言：此床马蹄足原本就应如此之矮，不然，整个腿足太高。其误在于忽略了明式家具中，苏作之外还有闽作。闽作罗汉床之腿往往偏高。尽管此床三面围子拐角处均是方角，仍可认定其为闽作家具。

图3-28　清早期　黄花梨高腿罗汉床
长179.7厘米，宽99.9厘米，高79厘米
（原美国加州中国古典家具博物馆藏）

四、直腿直足型

1. 黄花梨万字纹直足罗汉床

黄花梨万字纹直足罗汉床（图3-29）特点：

（1）三面围子上均攒万字纹，二方连续，万字纹左右不对称。正面围子高，侧面围子低。

（2）床盘下，矮束腰与牙板一木连做，直牙板与直腿直角相交。

（3）三面围子边框、万字纹、床盘、牙板、直腿的面上均打洼。构件一处打洼，其他处也相应打洼，这是固定的制作语法。

（4）直足，而非马蹄足。因为构件面上均打洼，只能是直腿直足。

此床为福建工，但不排除苏地也有此式样。

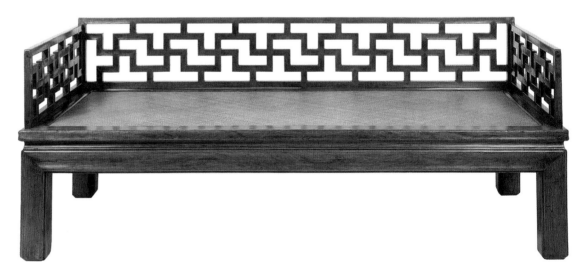

图3-29　清早期　黄花梨万字纹直足罗汉床

长206.5厘米，宽90.9厘米，高79.1厘米

（选自伍嘉恩：《明式家具二十年经眼录》，紫禁城出版社，2010）

五、鼓腿型

鼓腿是直腿的发展形，弯曲度小的称为"小挖马蹄腿"，弯曲度进一步加大的称为"大挖马蹄腿"。挖马蹄腿曲线如鼓的，又称为"鼓腿"。

1. 紫檀鼓腿罗汉床

紫檀鼓腿罗汉床（图3-30）特点：

（1）上部为三块独板围子。

（2）腿足为大挖马蹄腿。床身上部方正，下部圆曲。方圆对峙而和谐，规矩而不失张力，光素中散发着一种强悍的霸气，可见匠师的理性和才情。

"三围独板，矮束腰，鼓腿膨牙，软屉。"可用这13个字描述此床，可见其简。此器何其简素，使得绝大多数人不假思索地认为其年代必属明代。但是，换一种视角，就会发现其上有多个年代偏晚的符号：

一是大挖马蹄腿弯曲度极大。整器气息有力粗硕。在明晚期和明末清初，床足并未如此弯曲雄壮。

二是本床足部并非马蹄足，而是弯腿的横截面，权且视其为足。足部较高，磨损较小，尚为方形，亦为年份偏晚的佐证。

本例紫檀鼓腿罗汉床属于"观赏面不断加大法则"中"加大"的一类，构件光素而式样"衍变较大"，年代为清早中期。其貌似古式，但有年代偏晚的符号，属于明式家具中"第三条发展轨迹"上的器物。

此式样在闽作家具、苏作家具中均有制作。

图3-30 清早中期 紫檀鼓腿罗汉床
长211厘米，宽106厘米，高79厘米
（原美国加州中国古典家具博物馆藏）

图3-31-1 紫檀绿石板罗汉床的打洼束腰

2. 紫檀绿石板罗汉床

紫檀绿石板罗汉床（图3-31）特点：

（1）正侧围子为七屏式，各个围子边框内，加衬牙条，中间嵌绿石板。

（2）鼓腿弯曲度较小，为小挖马蹄腿。膨牙板与鼓腿相宜，圆润饱满。

（3）束腰打洼（图3-31-1）。足部较高，且保存较完整。

此床虽无雕饰，但其高围子、高足，尤其是打洼束腰等特点，表明其年份晚至清中期。

绿石又称为"南阳石"，用于家具之上，古已有之。绿石多装饰于漆木、柴木家具上，如用作插屏屏心、桌案面心，在闽作家具上也较为常见。偶见绿石用于黄花梨罗汉床围子上。由此床可见，绿石在传统家具上沿用时间极长。此床也可列为明式家具"第三条发展轨迹"上的作品，属于"后明式家具时期"的器物。

此床具有闽广两地风格，于闽作家具中多见于漳州地区。

图3-31 清中期 紫檀绿石板罗汉床
长217厘米，宽118厘米，高96厘米
（选自北京市文物局：《北京文物精粹大系·家具卷》，北京出版社，2003）

六、直圆腿型

1．紫檀圆裹圆罗汉床

紫檀圆裹圆罗汉床（图3-32）特点：

（1）三面围子均为独板，各自拍抹头。

（2）混面床盘下置一条窄垛边。

（3）直圆腿。圆裹圆罗锅枨上加矮老。
其形态极为简洁，但仅凭这些不能判定
其年代较早。罗锅枨上弯处接近中间，
而不接近腿足部。这是罗锅枨发展后的
形态，属于行话所说的"出门走了一段
再拐弯"的晚期形态。

明式家具中，无束腰罗汉床较少，圆裹
圆罗汉床是无束腰罗汉床中的主要形式。
此式样罗汉床在福建、广东地区都存在，
可见两地工艺交流之密切。

图3-32　清早中期　紫檀圆裹圆罗汉床
长196.8厘米，宽100.3厘米，高68.6厘米
（选自安思远：《洪氏所藏木器百图》，2005）

2. 黄花梨双环卡子花罗汉床

黄花梨双环卡子花罗汉床（图3-33）特点：

（1）三面围子均为独板，各自拍抹头。直圆腿。

（2）床盘垛边下，正面置六组双环卡子花，再下为圆裹圆直枨。其设计的匠心在于对构件节奏感的追求，边抹、垛边、直枨三者上下排列，而六组双环卡子花则左右成行，形成纵横交织的节奏感。为了六组卡子花的平均排布，此床特意放弃了罗锅枨，而改用直枨。六组双卡子花是否数目过多了一些，仁者见仁，智者见智。但双环卡子花如此之多，是古典家具观赏面不断加大的一种表现，也是年份偏晚的表现。这种不事雕刻、仅以光素的构件完成装饰的新式之作，就是明式家具发展"第二条发展轨迹"上的作品。

闽作家具、广作家具中均存在此式样罗汉床。

图3-33　清早中期　黄花梨双环卡子花罗汉床
长207.1厘米，宽103.5厘米，高74.1厘米
（选自莎拉·韩蕙：《中国古典家具简约之美》，2001）

七、套框扇活型

扇活套框型罗汉床为直圆腿，床盘上下构造及式样为大框在外，小框居内，构成大小框扇活的结构形态。

1．黄花梨套框罗汉床

黄花梨套框罗汉床（图3-34）特点：

（1）三面围子外攒大框，通过矮老与中间小框相接，为"步步紧"形态。小框内装绦环板，板上挖鱼门洞。正面围子上有三个鱼门洞，侧面围子上各有两个鱼门洞。这种结构做法在明式家具中极少，为一般直圆腿罗汉床的发展型，应为较晚时期的做法。

（2）床盘面沿混圆，下接四腿，腿外圆内方。

（3）正面管脚枨上，左右侧各置立柱，三分框中空间。两柱间置一横向攒框扇活，两柱外侧又各置竖式三抹攒框扇活。

床上部的大小框以矮老连接，构图上是上下左右完全对称的，形成中间重而四边轻之视觉效果。下部两边的小框扇活是与大边、腿足紧密垛接的，呈周边实而中心虚的姿态。上下之异，貌似不经意，实则匠心而为。此床形态上以上下不同的虚实完成对比，相映成趣。这种作品，非俗手可为。

这种以光素构件完成装饰的新造型家具，为明式家具"第二条发展轨迹"上的器物。

此式样在闽、苏、广三地均有制作。

图3-34 清早中期—清中期 黄花梨套框罗汉床

长213厘米，宽130厘米，高79厘米

（原美国加州中国古典家具博物馆藏）

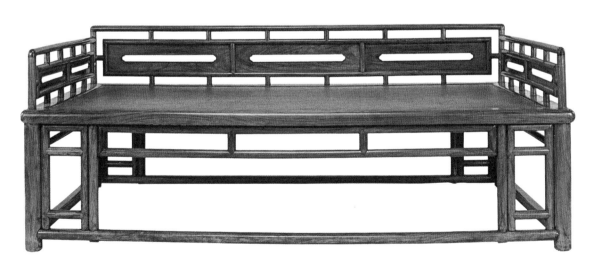

第三节　架子床式

架子床大致可以分为如意足型、直腿马蹄足型、四面平和变体四面平型、鼓腿型、三弯腿卷云纹足型、螭龙头爪（狮头虎爪）纹三弯腿型、直腿圆裹圆型。

一、如意足型

1. 黄花梨如意足架子床

黄花梨如意足架子床（图3-35）特点：

（1）足为如意云纹形，挖缺做。它与壶门牙板大圆角相交，构成床下部的优美曲线。腿部延续宋代以来大漆家具的腿部式样。宋式家具与明式家具的血脉传承关系，可窥一斑。

（2）门楣子分为五格，每格中装绦环板，上挖鱼门洞。

此式样罗汉床在闽作家具、苏作家具中都有制作。

传为南宋李嵩所作的《听阮图》（图3-36）中的榻，展现了挖缺做如意足，与本件架子床如意足的形态异曲同工。

图3-35　清早期　黄花梨如意足架子床
长202.5厘米，宽108厘米，高187.5厘米
（佳士得纽约有限公司，1998年9月）

图3-36 （传）宋　李嵩《听阮图》中的如意足榻

（台北故宫博物院藏）

二、直腿马蹄足型

1. 黄花梨万字福字纹架子床

黄花梨万字福字纹架子床（图3-37）特点：

（1）后面、侧面围子上攒万字纹。门围子上攒抽象化的福字纹，这个变体纹饰既要取"福"字的字形，又要合乎工艺要求，制作难度提高，故此床的年代要晚于大多数攒接工艺家具。

（2）门楣子上框出榫头，起到一定的装饰作用。门楣子绦环板上挖海棠式鱼门洞，鱼门洞两头有透雕双云纹。

（3）床盘下为矮束腰，下接窄牙板。四腿为直腿，下接矮马蹄足。

（4）床盘上部所有攒接的构件面上均打洼，体现打洼形态的模式。

此式样架子床为闽作家具。

图3-37　清早期　黄花梨万字福字纹架子床
长207厘米，宽139厘米，高206厘米
（中贸圣佳国际拍卖有限公司，2017年秋季）

2．黄花梨万字纹架子床

黄花梨万字纹架子床（图3-38）特点：

（1）六柱面上均打洼，床围子上的攒接构件也打洼。这是福建家具做工中常见的一个特点。

（2）门楣子上框出榫明显，工艺结构成为一种装饰结构。门楣子共分四格，每格绦环板鱼门洞形开光中，透雕万字纹。

（3）四面床围子上，均攒万字纹。

（4）牙板中段窄两端宽，与腿圆角相交。

此式样架子床为闽作家具。

图3-38　清早期　黄花梨万字纹架子床
长206厘米，宽96.5厘米，高207厘米
（中国嘉德国际拍卖有限公司，2011年春季）

3. 黄花梨曲尺纹架子床

黄花梨曲尺纹架子床（图3-39）特点：

（1）门楣子上框出榫明显，形成装饰构件。正面攒框分为四格，其上装绦环板，挖如意云纹形鱼门洞。

（2）床盘起六柱，两根门柱上端为尖头格肩榫。

（3）前后左右围子上均攒接曲尺纹。门围子上的变体曲尺纹为竖向的，其他三面围子上的曲尺纹为横向，形成纵横变化。

（4）腿足上有卷云纹雕刻，残留在磨损甚重的足端。这种卷云纹出现于明式家具末期。这种整体形态简洁的家具上，出现偏晚的细节符号，说明此器为明式家具"第三条发展轨迹"上的作品。

这种足上有图案的架子床款式，见于闽广两地。

图3-39　清早中期　黄花梨曲尺纹架子床
长203.2厘米，宽100.3厘米，高200.7厘米
（苏富比纽约有限公司，1996年5月）

4. 黄花梨万字纹架子床

黄花梨万字纹架子床（图3-40）特点：

（1）门楣子绦环板上挖海棠式鱼门洞，鱼门洞两头有透雕双云纹。

（2）六柱为混面。正侧围子上攒万字纹，万字纹构件亦为混面。

（3）床盘为"立边"做法，面沿极高，中间打洼。床盘下有束腰。

（4）与立边相关的，是使用活床屉。马蹄足磨损严重。

此式样架子床见于闽作、苏作、广作家具中。

图3-40　明末清初　黄花梨万字纹架子床
长218.4厘米，宽132.1厘米，高225厘米
（苏富比纽约有限公司，1997年9月）

5. 龙眼木罗锅枨架子床

龙眼木罗锅枨架子床（图3-41）特点：

（1）门楣子绦环板和挂角牙上均透雕螭尾纹。

（2）床盘起四柱，柱面平直，起捏脚线。柱间连以罗锅枨。

（3）三面围子各分上下两层，上层横枨下加卡子花，下层围
子攒十字连方灯笼锦纹。

（4）床盘为混面，下有矮束腰。

（5）直牙板下缘中心雕双牙纹，两侧挖双牙纹。两个纹饰均
起线，且凸出于牙板底线。这代表闽作家具不惜用材的作风。

（6）四腿为直腿，马蹄足较高。

图3-41　清中期　龙眼木罗锅枨架子床
长223.3厘米，宽141厘米，高229厘米
（佳士得纽约有限公司，2003年9月）

6. 鸡翅黄杨木架子床

鸡翅黄杨木架子床（图3-42）特点：

（1）六柱面上两边刻阴线。柱间连以罗锅枨，见明榫。

（2）门楣子为扇活，绦环板上浮雕螭龙纹。

（3）后面围子、侧面围子上端为罗锅枨，下有卡子花，再下各绦环板上分别雕螭龙纹、三羊开泰纹、鹿纹等。

（4）门围子（图3-42-1）由上至下分三抹三段，各段均嵌黄杨木板。上段长方形开光中心雕团寿纹，四角为蝙蝠纹，取"福寿双全"之意。中段开光中心雕螭龙福字纹，四角为蝙蝠纹。下段为亮脚。

（5）四腿为扁方直腿，内翻马蹄足。前后腿间以罗锅枨相连。

此床为福州或其北部地区的家具，做工略显粗糙。此床年代偏晚，其上一些闽作特征，予人启迪。

图3-42-1 鸡翅黄杨木架子床的前围子

图3-42 清中晚期 鸡翅黄杨木架子床
长215厘米，宽151厘米，高215厘米
（北京保利国际拍卖有限公司，2013年春季）

三、四面平和变体四面平型

这类架子床下部为四面平式或变体四面平式。

1. 黄花梨鸡翅木万字纹架子床

黄花梨鸡翅木万字纹架子床（图3-43）特点：

（1）下部为四面平式，牙板与四腿以棕角榫相接。

（2）四腿扁宽，其间连以罗锅枨。牙板下，罗锅枨上弯处近腿部，且有硬直之感。此风格在黄花梨罗锅枨条桌（图6-86）、黄花梨罗锅枨长方香几（图7-10）上也可见到。

（3）六柱柱面打洼，侧面和后面柱间连以罗锅枨。床顶攒框，四角与角柱相接。

（4）正面门楣子左右分五段装绦环板，绦环板上开鱼门洞。其下置三个直牙板直牙头挂檐。

（5）后面围子、侧面围子均分成上下两段，上段圆角横枨下以鸡翅木短材攒接扯不断纹，下段为实木心板。

（6）门围子亦分为上下两段，上段攒扯不断纹，下段攒斜向万字纹。这与后面围子和侧面围子形成变化。

四面平式结构使用于家具座（床）盘上，多见于福建地区。此床为莆田仙游工。

图3-43　清早期　黄花梨鸡翅木万字纹架子床

长201.6厘米，宽135.7厘米，高209.5厘米

（中国嘉德国际拍卖有限公司，2011年春季）

2. 黄花梨十字连方纹架子床

黄花梨十字连方纹架子床（图3-44）特点：

（1）床顶攒框，与角柱榫卯相接。

（2）门楣子间设四个矮老，形成五个长方框，各装绦环板，
上开双云纹鱼门洞。

（3）床盘起六柱，正面、侧面床柱间施以罗锅枨。

（4）四面围子均攒十字连委角方格纹。

（5）床下部为变体四面平式，前后各有四腿，共八腿。腿为
扁宽形，腿间亦以罗锅枨相连。

其变体四面平式、扁宽腿、罗锅枨等特征非常集中，此式样
床主要产自漳州地区。

图3-44　清早期　黄花梨十字连方纹架子床
长202厘米，宽120厘米，高207厘米
（中国嘉德国际拍卖有限公司，2013年秋季）

四、鼓腿型

1. 紫檀灵芝纹架子床

紫檀灵芝纹架子床（图3-45）特点：

（1）门楣子为扇活，以栽榫与床体相接。门楣子正面为左、中、右三格绦环板，其上各透雕灵芝纹，由螭尾纹串联（图3-45-1）。

（2）门楣子下，两端置螭龙纹挂角牙。

（3）床盘起四柱。三面围子均为上下两层，上层饰双环卡子花，下层饰十字连方纹。

（4）床盘为混面。束腰与直牙板一木连做。

（5）小挖马蹄足。此式样由直腿马蹄足转变而来。

此床为四柱架子床，为清早期家具，可见明式家具晚期也有四柱架子床。而在明万历版《三才图会》插图上，可见六柱架子床。故可言：四柱架子床不一定年代都早，而六柱架子床不一定年代就晚。

此床形态与龙眼木罗锅枨架子床（图3-41）极其相近。此式样架子床于闽苏两地都有制作。

图3-45-1 紫檀灵芝纹架子床门楣子绦环板上的灵芝纹

图3-45 清早中期 紫檀灵芝纹架子床
长211厘米，宽141厘米，高228厘米
（中国国家博物馆：承古融今 星汉灿烂——中国嘉德艺术品拍卖20年精品回顾展，2013）

五、三弯腿卷云纹足型

1. 鸡翅木四柱架子床

鸡翅木四柱架子床（图3-46）特点：

（1）床盘起四柱，前面两柱插在侧围子的前端，这与广见于广东潮汕地区的黑漆罗汉床、架子床两用形式床一样，由此可见闽作、广作的互相影响。四柱间以罗锅枨支撑，罗锅枨上弯处弧度生硬。

（2）三面围子均为独板。后面围子上沿为罗锅枨式曲线，中间高、两端低。侧面围子上沿为半个罗锅枨式曲线。这是闽作家具的特色。

（3）床盘下有矮束腰。再下为窄壶门牙板，其分心处两侧次递各出一个尖牙纹、两个圆牙纹。

（4）三弯腿外侧上段直平，下段出现弧线。足扁矮，面上雕内卷云纹。

这种三弯腿在闽作家具上多有存在，包括罗汉床、架子床。

此式样架子床兼具闽作家具和广东潮汕家具风格。

图3-46 清早期 鸡翅木四柱架子床
长200厘米，宽121.1厘米，高221厘米
（佳士得纽约有限公司，2018年9月）

2. 黄花梨三弯腿架子床

黄花梨三弯腿架子床（图3-47）特点：

（1）床盘起六柱，柱间以罗锅枨相连（前面原有罗锅枨，后被修改掉）。

（2）门楣子分段装绦环板，其上透雕螭龙纹。

（3）四面围子均分两层。上层置团螭龙纹卡子花，下层攒十字连四合如意纹。门围子下层四合如意纹中雕麒麟纹、云纹、山石纹等。

（4）床盘为混面，下有矮束腰。壶门牙板分心花上雕灵芝纹，其面中心雕一对螭尾纹，各自外侧雕螭龙纹。牙板两端下沿出双牙纹。

（5）三弯腿上直下弯。足端阴刻内卷云纹。

此式样架子床在闽苏两地都有制作。

图3-47 清早中期 黄花梨三弯腿架子床
长226厘米，宽162厘米，高234厘米
（选自王正书：《明清家具鉴定》，上海书店出版社，2007）

六、螭龙头爪（狮头虎爪）纹三弯腿型

1. 黄花梨福寿字螭龙纹架子床

黄花梨福寿字螭龙纹架子床（图3-48）特点：

（1）六柱直接床盘边抹，无柱础，这不同于柱下置柱础的其他式样架子床。

（2）四面门楣子中嵌绦环板，透雕团寿字纹和螭龙纹。挂檐透雕螭龙纹。

（3）四面床围子均分为上中下三层。后面围子上层置五个螭龙纹卡子花。中层透雕子母螭龙纹，其中五个圆形开光中雕团寿字纹（图3-48-1），寿字的笔画均由螭龙组合而成。下层左中右三段中仍透雕子母螭龙纹。

（4）两个竹节纹矮老将正面束腰分成三段，每段上均浮雕双首相向的一对螭龙纹和寿字纹。束腰下有托腮。

（5）牙板中心有灵芝纹分心花，两旁下缘各出两对尖牙纹。牙板面上左右螭龙飞动，双首相对，构成左右对称的两组子母螭龙纹。

（6）三弯腿上端雕立体兽面，实为螭龙头纹，表情凶猛。足下兽爪抓球，实为螭龙爪纹（图3-48-2）。

（7）在年份识别上，此床门楣子、挂檐、床围子全部透雕螭龙纹，螭龙纹中拱"螭龙体"寿字纹、福字纹，螭龙身尾旋卷多姿，充满空间。这种空间布局和寿字、福字开光体现了清早中期家具特点。清早中期，架子床中出现了这种新的形态，全床完全由雕刻装饰。床围子分为三层，重工繁饰，雕饰螭龙纹、螭凤纹，螭龙纹中带有团寿字纹或团福字纹。束腰、牙板、楣子上亦雕螭龙纹、螭凤纹。腿足上雕螭龙头爪纹。可以说，此类床上无处不螭龙，范式基本一样。

在清末民国，许多红木灵芝纹八仙桌和太师椅的足端常雕兽面纹，俗称"鳌鱼脚"。实际上，它们也是螭龙头纹。时光荏苒，多少年后，明式家具上常见的螭龙头纹，仍被"子孙辈"的红木家具沿袭着。

（8）足底可见龟裂的老纹（图3-48-3）。

此类螭龙头爪纹架子床实物较多，闽作家具、苏作家具中都有制作，苏作家具中制作更多。

图3-48-2 黄花梨福寿字螭龙纹架子床三弯腿上的螭龙头纹和螭龙爪纹

图3-48-3 黄花梨福寿字螭龙纹架子床的足底

图3-48-1 黄花梨福寿字螭龙纹架子床围子上的团寿字纹

图3-48　清早中期　黄花梨福寿字螭龙纹架子床

长228厘米，宽156.5厘米，高222厘米

（山东黄花梨家具珍藏馆藏）

一直以来，在一部分架子床和炕桌的腿足上，都出现了兽面和兽爪形象纹饰（个别条桌和椅子上也偶见此纹饰）。行业内俗称之为"狮头虎爪纹"或"兽吞足纹"。其实，这是新出现的立体螭龙头纹和螭龙爪纹。它们与全床上下的螭龙纹相互呼应、一气呵成，形成完整的螭龙纹群。对于此纹，行业内相见多年却犹如初见，不曾探讨也不知其中真意。这是明式家具末期出现的螭龙头纹和螭龙爪纹，是前所未见的圆雕式螭龙纹。在螭龙纹的庞大体系中，这是新创的图案和制式，其名应为"螭龙头爪纹"。

单看一头一爪似乎难断其为何纹，但从以下三点根据，可以判断其为螭龙头与螭龙爪。

（1）这种螭龙头爪纹总是出现在满雕的黄花梨架子床或黄花梨炕桌之上。它所在的牙板上无不雕螭龙纹。而架子床的牙板、床围子、挂檐上均雕螭龙纹或螭龙式寿字、福字、禄字纹。它们的腿足部雕出立体的螭龙头螭龙爪，与牙板、床围子等构件上的螭龙纹上下呼应。它与明式家具螭龙纹体系是吻合的。

（2）此纹中的螭龙面目凶悍威猛，与子母螭龙纹中苍龙形象的表达形式一致，甚至更夸张。

（3）在其他类别家具上，也存在相近的螭龙头吞联帮棍、螭龙头吞罗锅枨的式样，它们形象更明确具体。本式样架子床也是螭龙头吞腿足式样，不过角度更为正面而已。

若视之为"狮头虎爪纹"，其大规模出现，出现得突兀，无缘无故，解释不通。明式家具上所有的主流纹饰，均有可具体解读的含义，不存在无来由的重要纹饰。它多出现在炕桌上和架子床上，罕见于他器，这应是某类匠作的习惯做法，亦表明其年代的偏晚。

螭龙头爪纹是明式家具末期出现的一种新纹饰。此后，这种纹饰延续到清中期、清晚期的紫檀、红木家具上。为与历史称谓相衔接，也可以称这种纹饰为"狮头虎爪式螭龙纹"。

螭龙头爪纹家具出现时间偏晚，为清早中期。其上的其他地方也常有晚出的变化形态，表现为牙板上螭龙纹图案的拐子化、束腰增高、束腰下出现托腮等。

螭龙头爪纹在造型上有极高的艺术成就，它通过怒目、大嘴、利齿表现出神兽凶猛之态，舍弃了螭龙纹原型中其他具体部位，强调眼睛和大嘴，使形象更加鲜明生动，令人产生更多的联想。此外，它仅以螭龙的头和爪表达苍龙教子之意，不再直接表现大小螭龙的复杂关系。

这种雕刻符号更加凝练、概括和生动，具有极高的审美价值。

雕有螭龙头爪纹的架子床达到了明式架子床繁复装饰的巅峰状态。

2. 黄花梨麒麟纹架子床

黄花梨麒麟纹架子床（图3-49）特点：

（1）前门楣子中段绦环板上透雕云龙纹，两侧绦环板上雕仙鹤云纹。后门楣子绦环板上透雕喜鹊登枝纹。

（2）挂檐透雕螭龙纹。

（3）门围子上雕麒麟葫芦纹（图3-49-1），下有山石纹、灵芝纹。后面围子上分别透雕鸳鸯莲叶纹（图3-49-2）、鸾凤牡丹纹（图3-49-3）。

（4）束腰由竹节纹矮老隔成左中右三段。各段上，雕一对不对称的螭龙。三段束腰上的纹饰全部代表子母螭龙纹寓意。

（5）牙板中心有分心花，两旁下缘各出多重尖牙纹。牙板面上，左右螭龙纹飞动，双首相对，中间为螭尾纹，共同构成左右对称的两组子母螭龙纹。

（6）三弯腿上端雕立体的螭龙头，足为螭龙爪。

螭龙头爪纹架子床在闽作家具、苏作家具中都有制作，以苏作家具为多。

图3-49-1　黄花梨麒麟纹架子床门围子上的麒麟葫芦纹

图3-49　清早中期　黄花梨螭龙纹架子床
长227厘米，宽157.5厘米，高225厘米
（中贸圣佳国际拍卖有限公司，2019年春季）

图3-49-2　黄花梨麒麟纹架子床后面围上的鸳鸯莲叶纹

图3-49-3　黄花梨麒麟纹架子床后面围子上的鸾凤牡丹纹

在先古时期，麒麟的传说纷繁多变。它作为祥瑞的象征，在历史上还有其他含义：麒麟为"麟、凤、龟、龙"四灵之一，传为仁兽，预示吉祥；历代朝廷以其象征王政和盛世，有"麒麟出，王政兴"之语。

汉代有麒麟阁，用于陈列功臣画像。唐代三品以上武官使用麒麟袍。清代一品武官补子上绣麒麟图，一品文官补子上绣鹤纹。但武官之麒麟纹的地位显然不及文官之鹤纹。民间器物使用麒麟纹不取此意。

在历史上，麒麟纹固然有多种含义，但在清早期家具纹饰中，它专指明确，为"麒麟儿""麒麟送子"的象征。

这类图案直接表现了祈子求嗣的愿望，古代婚姻中的求嗣祝愿是这种纹饰深厚的社会心理基础。祈子与婚礼活动紧密相连，这也透露了别样玄机，那就是有这些纹饰的家具为婚嫁家具。

在许多明式家具上，雕饰麒麟纹及其相关纹饰，为了追求视觉上的美感，设计中常常突显了麒麟纹。如麒麟葫芦纹上的葫芦纹极小，麒麟玉书纹上的卷书纹隐蔽。以致长久以来，它们只被称为麒麟纹。

在意义解读上，传统说法多认为麒麟纹有祥瑞寓意。今日细审之，此类葫芦纹、玉书纹并不难辨析。其实，正由于有了葫芦纹、玉书纹的存在，麒麟纹的祈求子嗣之意才明确无误地展露出来。以至于虽然有些麒麟纹中没有葫芦纹、玉书纹、送子纹等，根据纹饰简化规律，也可以确定其为麒麟送子之意。

传统图腾性符号、神话传说中的形象纹饰，流传到明清时期，装饰性虽然逐渐增强，但观念性一直未减。在明式家具上，麒麟纹、凤纹、螭凤纹等符号的意义性就远大于装饰性。可贵的是，这些图案上强烈的观念性，并未减弱其视觉审美上的追求。以至长久以来，其瑰丽精妙的艺术成就，令当代人几乎忘掉了它们本来的寓意，麒麟纹就是如此。

清早期以后，明式家具雕饰发展迅猛，除了螭龙纹、螭凤纹以外，麒麟纹是重要的装饰图案。与早生贵子、人丁兴旺祈愿相关的麒麟纹、麒麟送子纹、麒麟葫芦纹、麒麟玉书纹，不但常见于镜台、官皮箱、盆架等典型的卧室用具上，在圈椅、交椅、翘头案、架子床等大型器物上也时有所见，为家境豪富者婚嫁时置办。

在研究某种器物上的纹饰时，应该寻找这个纹饰与这种器物之间具体的、密切相关的逻辑关系。而不应在纹饰词典中，随意将该纹饰历史上多种说法中的一种随意引入。这一种"点击"而来的说法，不存在具体的、密切相关的逻辑分析，从而自然缺乏学术层面上的意义。那些泛泛的"吉祥""祥瑞"说辞放在具体的器物上，显得无力而苍白。

古代婚姻的最大目的是生儿育女、传宗接代。儒家十三经之一《仪礼》记载："昏礼者，将合二姓之好，上以事宗庙，而下以继后世也。故君子重之。[1]"
生育关系到家族的兴旺、姓氏的繁衍。早生贵子是古代婚姻中男女及双方家庭的殷切希望，子孙满堂是古人的幸福标志。其至关重要的意义，当代人及后人可能越来越不能理解。

在古代的婚礼中，有诸多求子活动。婚礼仪式和用品大多体现着对子嗣的期盼。古人有一系列的类似巫术性的活动，希望通过它们达到多子的目的。这一习俗通过祈子纹饰也表现在明式家具上。

麒麟纹是神话传说中的瑞兽，形象上融合了龙首、马身、马蹄、蛇鳞、牛尾等特征。晋代出现"麟吐玉书"之典故，称有麒麟吐玉书于孔家，书上写："水精之子孙，衰周而素王。（意为未居帝位而有帝王之德）"次日，孔夫子出生。孔子遂被后人称为"麒麟儿"。其后，这种幻化出的动物成为圣贤、杰出人士诞生的象征。它在民间的寓意也是有出息的孩子。随着"麒麟儿"和"麒麟送子"含义影响日益广泛，麒麟纹成为早生贵子、子嗣繁盛的象征。唐代杜甫《徐卿二子歌》云："君不见徐卿二子生绝奇，感应吉梦相追随，孔子释氏亲抱送，并是天上麒麟儿。"

---

① （汉）戴圣：《仪礼·昏义》，上海古籍出版社，2016。

图3-50-1 黄花梨直腿圆裹圆架子床床围子上的圆形卡子花

七、直腿圆裹圆型

1. 黄花梨直腿圆裹圆架子床

黄花梨直腿圆裹圆架子床（图3-50）特点：

（1）床盘起四柱。门楣子为扇活形态，其间长扁圆环构成二方连续图案，各环由短材与上下框相接。

（2）后面、侧面围子中，多个圆环套叠成行，交接处以结子纹装饰，特别地带出了年代偏晚的气息。多环纹上下以圆状卡子花（图3-50-1）与上下边框相接。

（3）床盘边抹下，垜边一层，再下为圆裹圆罗锅枨，枨上饰委角长方形卡子花。

此床的门楣子、床围子、套环、罗锅枨上的卡子花以不同的圆形构成变化对比，又相得益彰。

四柱已属少见，上中下各层装饰亦不拘成规，使此床成为难得的一品。

明式家具晚期的器物上有增多圆环数量的趋势。一般而言，圆环越多，年代越晚。

此类作品在闽作家具中较多见。

图3-50 清早期 黄花梨直腿圆裹圆架子床
长228厘米，宽157厘米，高210.8厘米
（佳士得纽约有限公司，1999年9月）

第四节　拔步床式

1. 黄花梨万字纹拔步床

黄花梨万字纹拔步床（图3-51）特点：

（1）分为前后两部分，前部为踏步（拔步），也就是床前平台；后部为架子床。

（2）架子床上为床顶，下为地平。床顶和地平均为大漆柴木制作（一般各种材质的拔步床，地平都是换修过的）。

（3）床柱之间攒接围子，纹样为万字纹。门楣子横枨两端为平肩榫，其上分七格，各格装绦环板，挖鱼洞门。

此床用材收敛，工艺简单，式样古朴，表明其年代的久远，呈现一派早期气象。

此形态的拔步床在闽作家具中有制作，在柴木家具中更多。

迟至21世纪以后，在家具行里，还可以随便看到不同式样的柴木拔步床。虽然如此，在几百年前，它们也不是平民百姓家的用具。

明代《金瓶梅词话》中，多次提到拔步床的高贵，犹如今天人们提到富有者家中有别墅豪宅一般。历史上，柴木拔步床地位高贵、数量众多，但与此形成强烈对比的是，在全国范围内，行家们地毯式搜集了几十年，仅见黄花梨拔步床完整实物两例（以公开曝光者计算）。虽然坊间曾有过零散构件被认为是拆解后的拔步床散件，本人亦曾经手。

拔步床是中国古典家具中，体积最大、价值最高的品类。但在紫檀、黄花梨家具的制作中，它几乎没有参与进来。拔步床磅礴大气，耗材费工，再富有者，也并非轻易玩得起。这是黄花梨、紫檀至此"望而却步"的主要原因。

尽管当时钟鸣鼎食之家轻财重奢、极尽铺张，但在拔步床这张烧钱的"血盆大口"前，他们还是保持了少有的理性，而将拔步床上蕴含的权势和财富含义转移到黄花梨架子床上。黄花梨架子床广为制作，成为工艺精良、独领风骚的一大门类。

图3-51　明晚期—明末清初　黄花梨万字纹拔步床
长219厘米，高231厘米（宽度不详）
（美国纳尔逊·阿特金斯艺术博物馆藏）

第四章

椅凳类

椅凳类包括交椅、四出头官帽椅、灯挂椅、圈椅、南官帽椅、玫瑰椅、躺椅、扶手椅、宝座、凳墩。

第一节　交椅式

1. 黄花梨螭龙纹交椅

黄花梨螭龙纹交椅（图4-1）特点：

（1）椅圈五接。

（2）靠背板开光中雕子母螭龙纹，左右螭龙纹相对，中

间为螭尾纹的变体，变异严重，其上增衍出花苞纹。这是清早期各类椅子靠背板上常见的子母螭龙纹范式。靠背板上变形的螭头螭身与初期螭龙形态已相去甚远，已高度简化。

（3）交椅前梃中间雕螭尾纹，左右两侧各有螭龙纹。螭龙纹各自身后，又显露出一点点草叶状的螭龙尾端。完整的螭龙纹和螭尾纹（小螭龙尾部）构成一组子母螭龙纹。

（4）全身构件的各接榫点包以白铜。

此式样交椅在闽作家具、苏作家具中均有制作。

图4-1　清早期　黄花梨螭龙纹交椅

长73厘米，宽49厘米，高100厘米

（北京中华世纪坛艺术馆：凿枘工巧——中国古坐具艺术展，2014年）

2. 黄花梨长角牙交椅

黄花梨长角牙交椅（图4-2）特点：

（1）椅圈五接。明式家具的重要椅型都给人以视觉上的冲击力，其原因是构件具有动感，比如交椅、圈椅的椅圈，浑圆饱满，又具有运动感。

（2）靠背板光素，上下左右四角饰花牙子。

（3）前梃为束腰牙板式。

（4）从侧面（图4-2-1）看，鹅脖三弯，线条婉转，其下置随形的长角牙，边缘起多角尖牙纹及粗线。

（5）各构件接合点均裹铁錽银构件，既起加固功能，又可装饰美化器物。金属饰件为此椅增加了威武和华美风貌，甚至有几分炫示夸耀的作用。此式样椅子闽苏两地共有。

图4-2-1 黄花梨长角牙交椅的侧面

图4-2 清早期 黄花梨长角牙交椅

长73.7厘米，宽66厘米，高104.2厘米

（佳士得纽约有限公司，2001年10月）

第二节　四出头官帽椅式

四出头官帽椅大致可分为圆出头型、平切出头型，各自又可再细分。将各类款式分型后，按发展逻辑排列，隐约可见其各自历时性的嬗变轨迹。明晚期至清中期，成对椅子间不设桌几，在相关图像中可见当时的家具布置，如明万历版《忠义水浒传》版画插图中的双椅（图4-3）、明万历版《红梨记》版画插图中的一对两出头官帽椅（图4-4）。

一、圆出头壶门牙板型

圆出头型四出头官帽椅的搭脑、扶手出头是浑圆的，俗称"鳝鱼头式"。其下可细分为多个类型。

1. 黄花梨双牙云纹四出头官帽椅

黄花梨双牙纹四出头官帽椅（图4-5）特点：

（1）搭脑头枕（图4-5-1）后出方棱曲线，基本与靠背板同宽，这是四出头官帽椅上一种特殊的搭脑形态，有一定实物存世。

（2）鹅脖后移，无联帮棍。

（3）靠背板上下端左右四角均饰花牙子，其中上端两侧角牙上镂双牙纹。

（4）扶手与鹅脖交接处亦饰双牙云纹花牙子（图4-5-2）。

（5）座面下的壶门牙板曲线饱满，竖牙板下部出内勾牙纹装饰，这也表明此椅年代稍晚。

（6）前后左右管脚枨为"低、高、低"式。

此式样四出头官帽椅在闽作家具、苏作家具中均有制作。

图4-3　明万历　《忠义水浒传》版画插图中的双椅

（郑振铎：《中国版画选》，荣宝斋出版社，1958）

图4-4　明万历　《红梨记》版画插图中的两出头官帽椅

（傅惜华：《中国古典文学版画选集》，上海人民美术出版社，1981）

黄花梨、紫檀家具具有奢侈品属性，最富变化性，其发展规律是继承中伴随着渐变和激变，主流作品的时尚特征呈现与时俱进的特点。

在四出头官帽椅上，形态的大框架较为稳定，一直沿袭着古制。但是，在发展中，各种小的异变在各个构件上不断地发生着，不时会有"细节符号"的变化，踵事增华，器物不断地被打上新时期的烙印，与年月同行，从而成为后人进行器型排队的依据。包括四出头官帽椅在内的各类明清家具的细节符号变化，是对其进行类型学断代的观察点。

图4-5-1　黄花梨双牙云纹四出头官帽椅搭脑上的头枕

图4-5-2　黄花梨双牙云纹四出头官帽椅扶手下角牙上的双牙云纹

图4-5　清早中期　黄花梨双牙云纹四出头官帽椅

长58.4厘米，宽50.2厘米，高118.1厘米

（佳士得纽约有限公司，1998年9月）

图4-6-1 黄花梨三段式
靠背板四出头官帽椅靠
背板上的草叶双牙云纹

2. 黄花梨三段式靠背板四出头官帽椅

黄花梨三段式靠背板四出头官帽椅（图4-6）特点：

（1）靠背板攒边打槽，分为三段，上段嵌大理石，中段平嵌瘿木，下段开亮脚。

（2）靠背板两侧的长花牙子装饰感强烈，视觉上有飘然而动之感。其上部雕草叶双牙云纹（图4-6-1）。更多的装饰无疑对视觉造成更大冲击，可以提升家具的观赏性和华丽感。

（3）前后左右管脚枨为"低、高、低"式。

此式样四出头官帽椅在闽作家具、苏作家具中均有制作。

图4-6 清早中期 黄花梨三段式靠背板四出头官帽椅

长62厘米，宽51厘米，高117厘米

（北京中华世纪坛艺术馆：凿枘工巧——中国古坐具艺术展，2014年）

二、圆出头直牙板券口型

1. 黄花梨四出头官帽椅

黄花梨四出头官帽椅（图4-7）特点：

（1）全身光素。从侧面（图4-7-1）明显可见鹅脖退后距离较大，扶手下无联帮棍。

（2）座面下为直牙板券口。

（3）管脚枨为"低、低、高"式赶枨，即前枨和两侧枨在同一水平高度上，这不同于多见的"低、高、低"和"低、高、更高"的赶枨范式。

常见的赶枨定式，或是低、高、低，即椅的前枨低，双侧枨高，后枨又低，与前枨等高；或是低、高、更高，即椅的前枨最低，双侧枨渐高，后枨最高。这些赶枨的做法既避免了榫眼集中一处以至正侧枨"打架"，同时又自然形成高低起伏的节奏。

明万历年间的许多刻本插图中，椅子管脚枨多为"低、高、低"式赶枨。"低、高、低"式赶枨在明式家具早期和中期的椅子上比较普遍。

此式样四出头官帽椅在闽作家具、苏作家具中均有制作。

图4-7-1　黄花梨四出头官帽椅侧面

图4-7　明末清初　黄花梨四出头官帽椅

长57厘米，宽47厘米，高106.5厘米

（选自洪光明：《黄花梨家具之美》，南天书局有限公司，1997）

三、圆出头直牙头型

1. 黄花梨直牙头四出头官帽椅

黄花梨直牙头四出头官帽椅（图4-8）特点：

（1）靠背板为两弯C形，区别于三弯S形的普遍做法。鹅脖退后安装，无联帮棍。

（2）座面下为直牙板直牙头（俗称"刀子牙板"），牙头转角曲线圆润，牙头与牙板一木连做。

（3）管脚枨为"低、高、更高"式赶枨。

此椅整体形态古直，无修饰和异变，身高较矮。

明式椅子中，座面下以正侧三面壶门牙板券口最为讲究，壶门牙板券口的竖牙条直抵管脚枨，形成连贯流畅的线条。有一类椅子座面下，正面为壶门牙板，左右两侧为刀子牙板，可见刀子牙板在审美上稍逊于壶门牙板。

但刀子牙板能够使座面下空间空透，让椅子轻盈起来，可谓一失也有一得。此椅整体高度和座面高度都偏矮，以刀子牙板处理座面下空间，不失为好的设计制作。

此式样四出头官帽椅在闽作家具、苏作家具中均有制作。

图4-8　明末清初　黄花梨直牙头四出头官帽椅

长57厘米，宽50厘米，高96厘米

（佳士得纽约有限公司，1997年9月）

2. 黄花梨直牙头四出头官帽椅

黄花梨直牙头四出头官帽椅（图4-9）特点：

（1）靠背板为两弯C形，区别于三弯S形的做法。非直牙头四出头官帽椅的靠背板常是三弯S形。

（2）鹅脖退后安装，扶手下无联帮棍。

（3）座面下的直牙板直牙头为一木连做（图4-9-1），牙头曲线圆润。

（4）管脚枨为"低、高、低"式赶枨。

（5）前管脚枨下的牙板中间窄、两端宽，并饰牙纹。

此式样椅子闽广两地共有。

图4-9-1 黄花梨直牙头四出头官帽椅上一木连做的直牙板直牙头

图4-9 清早期 黄花梨直牙头四出头官帽椅

长59.7厘米，宽50.8厘米，高116.2厘米

（苏富比纽约有限公司，1999年3月）

图4-10-1 黄花
梨步步高赶枨四出
头官帽椅座面下的
直牙板直牙头

3. 黄花梨步步高赶枨四出头官帽椅

黄花梨步步高赶枨四出头官帽椅（图4-10）特点：

（1）此椅是一种特殊的四出头官帽椅形态，搭脑出头特别圆钝，是另一种程式化的做法，同时，有一定的实物存世量。其中个例，直牙板与直牙头为格角交接。

（2）靠背板为两弯C形。有联帮棍。

（3）座面下，四腿间装直牙板直牙头（图4-10-1），而且是一木连做。牙头肥厚，上宽下窄，下拐角曲线圆润。这种一木连做直牙板直牙头，对了解所有的同类四出头官帽椅的产地有所帮助。

此式样官帽椅兼具闽作家具、广作家具特色。

图4-10 清早中期 黄花梨步步高赶枨四出头官帽椅
长62.8厘米，宽48.6厘米，高117.5厘米
（中国嘉德国际拍卖有限公司，2014年秋季）

4. 黄花梨牛角式搭脑四出头官帽椅

黄花梨牛角式搭脑四出头官帽椅（图4-11）特点：

（1）整个搭脑起伏颇大，中间高，两边低，出头复高起，两端出头大。其曲线起伏大如牛角，故俗称"牛角式"。此种搭脑以大起大落为视觉审美诉求。搭脑正面平滑，中间无凹面式头枕。较之一般的四出头官帽椅搭脑的平缓曲线，它富有起伏强烈的审美风格。

（2）搭脑与后腿交接处置挂牙。

（3）扶手三弯，鹅脖三弯且后退，无联帮棍。座面下为一木连做刀子牙板牙头。靠背板三弯。

（4）前管脚枨、两侧管脚枨均在同水平高度上，而后枨却高起，形成一种特殊的错落感。

常见的黄花梨圆出头四出头官帽椅的搭脑曲线以平缓变化者为主流，此官帽椅搭脑弯曲度极大，成为独特而罕见的款式。

此式样官帽椅产于闽广地区。应注意：有些年代较晚的偏广作的椅子常常没有联帮棍。

图4-11 清早期 黄花梨牛角式搭脑四出头官帽椅
长48.5厘米，宽60厘米，高118厘米
（选自首都博物馆：物得其宜——黄花梨文化展，2011年）

四、平切出头壶门牙板型

在四出头官帽椅中，除圆出头式样外，还有另一种出头式样，那就是平切出头式样。其特点是搭脑和扶手的出头为平面，大多数的搭脑头枕两旁起八字形脊线，两端渐成圆柱形，呈弧线形向后面高挑。

平切出头型四出头官帽椅椅盘上后腿上截多是三弯形，个别为两弯形。而圆出头型四出头官帽椅椅盘上后腿上截多为两弯形。

整体评价中，平切出头型四出头官帽椅稍逊于圆出头型四出头官帽椅。但其另具风格，与圆出头型四出头官帽椅的委婉、圆润、雍容之态相比，它形态劲峭，呈瘦硬之美。

平切出头型四出头官帽椅设计形式多样，遗存实物尚多，在四出头官帽椅中占有大片天地，可称得上是四出头官帽椅的第二大类做法。

1. 黄花梨螭龙纹四出头官帽椅

黄花梨螭龙纹四出头官帽椅（图4-12）特点：

（1）搭脑和扶手出头为平面。

（2）后腿上截三弯，弧线弯曲强烈。扶手三弯，联帮棍三弯，鹅脖微微三弯。

（3）靠背板三弯，其上方开光内雕对称的螭龙纹和螭尾纹。

（4）壶门牙板上雕草芽纹（图4-12-1），实为螭尾纹的简化体。

包括本椅在内的四出头官帽椅或圈椅的靠背板上，若雕螭龙纹，牙板上必雕螭尾纹或螭龙纹，这成为程式化的组合。所以说，螭尾纹与螭龙纹必有关联，螭尾纹绝非卷草纹。还有一些其他雕草芽纹的椅子实例，其上的草芽纹是变异形新纹饰，是螭尾纹进一步的简化体，其年代偏晚。明式家具纹饰的发展基本是由简至繁，大趋势是在做加法。但也不宜简单化理解这一点，在其晚期，有时也会出现某种简化纹饰。此椅雕饰未如一般清早中期器物那样装饰煊炽，但牙板上的螭尾纹已呈较晚的变异性，距离初始的螭尾纹已有相当长的时间。

此式样椅子闽苏两地共有。

图4-12-1 黄花梨螭龙纹四出头官帽椅牙板上的草芽纹

图4-12 清早中期 黄花梨螭龙纹四出头官帽椅
长58.8厘米，宽47.5厘米，高118.5厘米
（中贸圣佳国际拍卖有限公司，2017年秋季）

2．黄花梨壶门牙板四出头官帽椅

黄花梨壶门牙板四出头官帽椅（图4-13）特点：

（1）全身光素。搭脑和扶手出头为平面，搭脑头枕两旁起八字形脊线。后腿三弯，独板靠背三弯。

（2）座面下为壶门牙板券口。牙板的对称三弯形曲线与搭脑形成上下完美呼应。

壶门牙板极其优美，形态上，此类牙板为上。直牙板为中，洼堂肚牙板为下。在当今仿制的明式家具上，此理仍然适用。

此式样椅子闽苏两地共有。

图4-13　明末清初　黄花梨壶门牙板四出头官帽椅
长60厘米，宽47厘米，高122.6厘米
（佳士得纽约有限公司，1997年9月）

五、平面出头直牙头型

1. 黄花梨八字形搭脑四出头官帽椅

黄花梨八字形搭脑四出头官帽椅（图4-14）特点：

（1）搭脑和扶手出头为平面。

（2）搭脑头枕两旁起八字形脊线。

（3）后腿上截为少见的两弯形，由下向上弯曲。

（4）靠背板三弯。无联帮棍。

（5）座面下的直牙板和直牙头格角相接，如其硬屉

座面为原档，则此椅年代偏晚。

此椅虽为闽作家具，但也有广作家具之风。

图4-14 清早中期 黄花梨八字形搭脑四出头官帽椅

长57厘米，宽47厘米，高108厘米

（美国布鲁克林博物馆藏）

六、平面出头罗锅枨型

1.黄花梨罗锅加矮老四出头官帽椅

黄花梨罗锅加矮老四出头官帽椅（图4-15）特点：

（1）体形较大。搭脑和扶手出头平切，搭脑中间有扁凹形头枕，两端收细。

（2）靠背板三弯，左右上端有花牙子。后腿上截微微三弯，扶手、联帮棍、鹅脖均三弯。

（3）座面下置罗锅枨加矮老。

此类罗锅枨加矮老造型一般被认为不及壸门牙板那般曲线优美曼妙，但它以简洁取胜，使整个器物的线条流动起来，有空灵之感。谁又能说这种曲线不是另一种个性之美呢？

此式样椅子闽苏两地共有。

图4-15 清早期 黄花梨罗锅加矮老四出头官帽椅
长68.5厘米，宽54.5厘米，高122.5厘米
（选自《风华再现：明清家具收藏展》，1999年）

2．黄花梨罗锅枨四出头官帽椅

黄花梨罗锅枨四出头官帽椅（图4-16）特点：

（1）搭脑和扶手出头平切，搭脑起伏平缓。

（2）靠背板、后腿上截、扶手、联帮棍、鹅脖均三弯。

（3）座面下四面的罗锅枨高起，中间段抵椅盘。管脚枨下罗锅枨高起，与椅盘下的罗锅枨相呼应。罗锅枨的重复运用，形成节奏，产生独特的设计感。这类设计较多见于漳州地区，有些偏广式风格。

（4）座面下四腿为圆柱状，不同于常例。

此类罗锅枨重复运用的官帽椅较少见，疏朗隽秀，别具韵味。

在明式家具的顶峰时期，简洁之作亦如此出色动人。

此式样椅子具有闽作家具的特征。

图4-16　清早中期　黄花梨罗锅枨四出头官帽椅

长62.3厘米，宽52厘米，高110厘米

（中贸圣佳国际拍卖有限公司，2019年春季）

145

七、平面出头罗锅枨搭脑型

1. 黄花梨罗锅枨搭脑四出头官帽椅

黄花梨罗锅枨搭脑四出头官帽椅（图4-17）特点：

（1）搭脑为罗锅枨形，不同于常规的有头枕的对称三弯形，表现出地域风格，年代也较晚。

（2）扶手为直棍状，非常规之三弯形。

（3）鹅脖亦为直棍状，异于常规之三弯形。

（4）座面下置罗锅枨，上有矮老。

（5）靠背板三弯，后腿上截两弯。

此式样椅子闽广两地共有，常见于当地杂木材质家具中。

图4-17　清早中期　黄花梨罗锅枨搭脑四出头官帽椅
长54厘米，宽42.5厘米，高100.5厘米
（佳士得纽约有限公司，1997年9月）

八、直搭脑型

1. 铁梨木直搭脑四出头官帽椅

铁梨木直搭脑四出头官帽椅（图4-18）特点：

（1）搭脑为直棍状，不同于常规的对称三弯形。扶手、联帮棍也是直棍状，都不同于常规之三弯形。这与铁梨木材简单化制作有关。

（2）鹅脖微微弯曲，异于常规之三弯形。

（3）靠背板为两弯形，后腿上截为反向两弯形，两者对立。

（4）座面为落堂硬屉式，不是常见的软屉式。

（5）座面下罗锅枨上有矮老。后管脚枨为圆柱状。

审美上，三弯形构件永远胜于直形构件，其一波三折，有节奏感，线条柔和，故黄花梨四出头官帽椅基本没有直搭脑型的。而此铁梨木官帽椅却使用了直搭脑，尽管结构比例不俗，但缺乏三弯形构件之柔美。

此式样椅子闽广两地共有。

图4-18 清中期 铁梨木直搭脑四出头官帽椅
长74厘米，宽60.5厘米，高116厘米
（选自王世襄：《明式家具珍赏》，文物出版社，2003）

九、方料罗锅枨搭脑型

1. 黄花梨方料四出头官帽椅

黄花梨方料四出头官帽椅（图4-19）特点：

（1）全椅均由方料制作。四个出头偏短。搭脑为罗锅枨形。

（2）搭脑、扶手、后腿上截、鹅脖、罗锅枨、矮老表面均以打洼装饰，为方料圆做的巧思。打洼面分布全身，这是传统家具制作的一种装饰语法。一对靠背板花纹对称，为一木双开。

（3）座面下，矮老上有一根横枨，与两腿相接，结构上有特殊性。罗锅枨高起，上弯处接近矮老。

此椅制作年代偏晚，整个结构设计合理。

此椅为闽广两地的式样。

图4-19　清早中期　黄花梨方料四出头官帽椅

长61厘米，宽46厘米，高114厘米

（选自毛岱康：《中国古典家具与生活环境——罗启妍收藏精选》，雍明堂）

2．黄花梨方料四出头官帽椅

黄花梨方料四出头官帽椅（图4-20）特点：

（1）全椅均由方料制作。搭脑弯曲度比上例椅子大。

（2）搭脑、扶手、后腿上截、鹅脖、罗锅枨、矮老表面均以打洼装饰。

（3）鹅脖三弯，上端向前探出，而上例椅子的鹅脖则向后倾斜。管脚枨为"低、低、高"式，上例椅子管脚枨则是"低、高、更高"式。可见不同匠人在具体设计的处理上有自己的特色。

此椅靠背明显偏矮，或是一种特殊做法。某藏家所藏的一对相同形制的椅子，椅身通高为119厘米，高出本对椅子15厘米。其怀疑本椅靠背和后腿曾被截断改动过。实际上，所有靠背偏矮的椅子都存在被后人修改的可能。在二三百年的使用过程中，各种被损坏的椅子在修整时，有的会被巧妙地截下一段靠背和后腿，故形成椅子上部的偏矮之态，许多行家都曾经手过此类修改过的家具。

此椅为闽作家具，带有广作家具风格。

图4-20　清早中期　黄花梨方料四出头官帽椅

长61.5厘米，宽46厘米，高104厘米

（选自克雷格·克鲁纳斯：《英国维多利亚阿伯特博物馆藏·中国家具》，上海辞书出版社，2009）

3. 黄花梨刀子牙板四出头官帽椅

黄花梨刀子牙板四出头官帽椅（图4-21）特点：

（1）全椅由方料制作。

（2）搭脑中间已无头枕，出头两端的横截面相同。

（3）座面下为直牙板直牙头，且为一木连做。此种
形态表明其年代偏晚。一般看法是苏作家具上直牙
板直牙头一木连做为年代早的特征。但此类一木连
做则是另一种形态，是闽、广作的形态，年代也晚。

（4）座面为落堂硬屉，而非软屉。

此式样在闽作家具、广作家具中均有制作。

图4-21　清中期　黄花梨刀子牙板四出头官帽椅
长58.4厘米，宽45.7厘米，高118.1厘米
（佳士得纽约有限公司，1999年9月）

4．黄花梨八棱形四出头官帽椅

黄花梨八棱形四出头官帽椅（图4-22）特点：

（1）搭脑和扶手的出头均为平面。搭脑中间无头枕，但微微粗大。

（2）最突出的特点是大量构件横断面是八棱形的。搭脑、四腿、扶手、鹅脖、座面下罗锅枨、矮老等均有八条棱线，这是创新的设计。

（3）座面下，正面腿间置罗锅枨，其上加矮老，与整椅的线状感和谐统一。

（4）侧面腿间置一木连做的刀子牙板牙头，式样宽厚。后管脚枨高起。

此椅制作年代较晚，但风格清新淡雅，可谓低调的奢华，也表明明式家具末期装饰手段的多样性。

八棱形椅出现于莆田仙游地区。

图4-22　清早中期　黄花梨八棱形四出头官帽椅

长54厘米，宽42.5厘米，高101厘米

（选自刘柏柱：《明式黄花梨家具：晏如居藏品选》，三联书店（香港）有限公司，2016）

151

十、平面出头束腰型

1．黄花梨鼓腿膨牙四出头官帽椅

黄花梨鼓腿膨牙四出头官帽椅（图4-23）特点：

（1）通体为方料，用材壮硕厚实。搭脑中部凸起，不同常态。

（2）靠背板下端有壶门式亮脚，状如其他的三段式靠背板的亮脚。

（3）椅子下部仿佛是一件束腰鼓腿膨牙大杌凳，其追求鼓腿的创新，也就须搭配以束腰。座面下以霸王枨支撑。此椅形态奇特，以至有论者怀疑其是否为方凳后改而成。据香港行家回忆，它的后腿为上下两木，以楔钉榫（如圈椅椅圈上使用的榫卯）接合。从侧面看，椅盘后大边中间有凹形曲线，其宽度与靠背板宽度一致，这也是此椅为原设计的一个有力证据。足端饰以卷云纹。

以上这几点合于一体，强烈地表现出此椅的漳州地区风格。

此椅年代较晚，无联帮棍，这与地域特色相关，偏广作风格的闽作椅子上常无联帮棍。而本椅偏广作风格。

图4-23　清早期　黄花梨鼓腿膨牙四出头官帽椅

长59.7厘米，宽48.9厘米，高104.1厘米

（选自南希·白铃安：《屏居佳器：十六至十七世纪中国家具》，美国波士顿美术馆，1996）

十一、两出头型

1. 黄花梨两出头官帽椅

黄花梨两出头官帽椅（图4-24）特点：

（1）搭脑出头顶端平切，中间头枕高厚平滑，两端过渡成圆柱状。

（2）靠背板为独板，选材精良，其上的纹饰如拉长的同心圆，层层叠叠，如同峰影。

（3）靠背板、后腿上截、扶手、鹅脖、联帮棍均三弯，所有三弯形构成一组婉转多变的曲线组合。

（4）座面下正面、侧面均置直牙板券口。

（5）最特殊处在于扶手不出头，以挖烟袋锅榫与鹅脖相接，如一般的南官帽椅扶手。从挖烟袋榫的做法看，可以完全排除扶手为出头扶手后改这一疑虑。这种椅子为四出头官帽椅或南官帽椅的变体。

此式样椅子闽苏两地共有。

图4-24 清早期 黄花梨两出头官帽椅
长60厘米，宽45.5厘米，高120厘米
（佳士得纽约有限公司，1997年9月）

2. 黄花梨螭龙纹两出头官帽椅

黄花梨螭龙纹两出头官帽椅（图4-25）特点：

（1）搭脑起伏有致，头枕中间高厚，两端出头舒缓高扬。

（2）后腿上截、扶手、联帮棍、鹅脖均为三弯S形。

（3）三弯形靠背板开光中，雕双首相向的螭龙纹，中间的螭尾纹（图
4-25-1）上增衍出塔纹。

（4）座面下正面横牙板（图4-25-2）为壶门式，下沿两端各出三个尖牙
纹。牙板面上中心雕如意纹，为螭尾纹的演变体，两旁各雕曲形螭龙纹。
竖牙板面上，上段雕螭尾纹，下段雕螭龙纹，仍为大小螭龙纹组合，意
为苍龙教子。侧面券口牙板亦然。

（5）管脚枨下，牙板两端宽出，雕卷草状纹饰。

此式样椅子闽苏两地共有。

图4-25-1　黄花梨
螭龙纹两出头官帽椅
靠背板上的螭龙纹

图4-25-2　黄花梨螭龙纹两出头官帽椅的横牙板

图4-25　清早中期—清中期　黄花梨螭龙纹两出头官帽椅　长57.5厘米，宽47.5厘米，高112厘米（选自邓南威：《隽永姚黄：中国明清黄花梨家具》，生活·读书·新知三联书店，2016）

第三节 灯挂椅式

一、圆棍搭脑型

1. 黄花梨弧线形搭脑灯挂椅

黄花梨弧线形搭脑灯挂椅（图4-26）特点：

（1）搭脑为柔和的弧线形，这是一个年代偏晚的符号。

（2）靠背板为正向两弯形，后腿上截为反向两弯形。两者对立但协调相宜。这是明式家具椅子的常见制作手法。

（3）一根直枨贴接椅盘，两端与四腿格肩相交。其下的高罗锅枨形态异于常例，上抵直枨。

（4）后腿上截为圆材，下截为方材。

（5）前管脚枨与腿以格肩榫相交，不同于常见之飘肩榫式。

此椅为闽作家具。

明万历版刻本《月露音》版画插图中可见当时的灯挂椅（图4-27）。

图4-27 明万历 《月露音》版画插图中的灯挂椅
（台北故宫博物院：《明代版画丛刊》）

图4-26 清早中期 黄花梨弧线形搭脑灯挂椅
长51厘米，宽40.5厘米，高105.7厘米
（中贸圣佳国际拍卖有限公司，2018年秋季）

二、罗锅枨搭脑型

1. 黄花梨罗锅枨搭脑灯挂椅

黄花梨罗锅枨搭脑灯挂椅（图4-28）特点：

（1）搭脑为罗锅枨形，表明此椅年代很晚，这也是地域符号。

（2）靠背板为正向两弯形，后腿上截为反向两弯形。

（3）椅盘下贴接一根直枨，与四腿以格角相交。下接矮老与罗锅枨。

（4）后腿上截为圆材，下截为方材。

（5）前管脚枨与腿以格肩榫相交，非同于常见之飘肩榫式。

此椅为闽作家具。

图4-28 清中期 黄花梨罗锅枨搭脑灯挂椅
长55厘米，宽45厘米，高109厘米
（苏富比纽约有限公司，1988年春季）

第四节　圈椅式

在明式家具的椅类上，三弯形构件涵盖了交椅、四出头官帽椅、圈椅、南官帽椅的上部，它们婉转的线型让明式家具椅子与只注重功能的矩形结构体形成两片天地。而圈椅椅圈更让椅子呈现"圆体"风貌。

在大分型上，圈椅分为扶手出头型、扶手不出头型，其下可再分为更小类别。相对于不出头扶手圈椅，扶手出头圈椅扶手出头外撇，具有开放活泼的特征。

一、扶手出头壶门牙板型

按照严苛的标准，在黄花梨扶手出头型圈椅实物中，尚难找到明晚期遗物，也就是说，现在发现的圈椅年代至早为明末清初。

1. 黄花梨螭龙纹圈椅

黄花梨螭龙纹圈椅（图4-29）特点：

（1）椅圈五接，有联帮棍。这是一种相关联的构件配置，如果是五接之椅圈，应以联帮棍支撑扶手一截。

（2）靠背板上端左右两侧均锼出花牙纹。这种花牙纹多见于壶门牙板型圈椅的靠背上，在罗锅枨型、直牙板型、洼堂肚牙板型圈椅上几乎未见。

（3）靠背板上端开光内，雕一对双首相向的螭龙纹，中间下端为一对变体螭尾纹。受靠背板面积限制，其上的子母螭龙纹雕饰常常被简化，只是表现形式不一。许多椅子上的一对大小螭龙纹均被简化为此等程式化式样。

（4）牙板上螭尾纹与靠背板上螭龙纹上下呼应，这成为一种固定的组合形式。

此式样椅子闽苏两地共有。

2. 黄花梨螭龙纹壶门牙板圈椅

黄花梨螭龙纹壶门牙板圈椅（图4-30）特点：

（1）靠背板选材精良，花纹绚丽。靠背板上端开光内雕一对双首相向的螭龙纹（图4-30-1），开光下端为一对变体螭尾纹。

（2）座面下，正面为壶门牙板券口，横牙板上左右雕简洁的卷草形螭尾纹，与靠背板上的螭龙纹相呼应。侧面为洼堂肚牙板券口。

（3）扶手出头为尖圆形，俗称"鳝鱼头"形。

此式样椅子为闽苏两地共有。

图4-29　明末清初　黄花梨螭龙纹圈椅

长64厘米，宽60厘米，高96厘米

（中贸圣佳国际拍卖有限公司，2018年秋季）

图4-30　清早期　黄花梨螭龙纹壶门牙板圈椅

长59厘米，宽45.5厘米，高99厘米

（广东留余斋藏）

图4-30-1　黄花梨
螭龙纹壶门牙板圈椅
上的螭龙纹

158

3. 黄花梨草芽纹圈椅

黄花梨草芽纹圈椅（图4-31）特点：

（1）椅圈五接，有联帮棍。

（2）靠背板开光中雕草芽纹（图4-31-1），为进一步简化的螭尾纹，表明此椅年代偏晚。

（3）正面横牙板上雕螭尾纹。这与靠背板开光中草芽纹（螭尾纹的简化体）形态变化方向完全一致。

此式样椅子闽苏两地共有。

图4-31-1 黄花梨草芽纹圈椅靠背板上的草芽纹

图4-31 清早中期 黄花梨草芽纹圈椅

长59厘米，宽45厘米，高100厘米

（选自刘柏柱：《明式黄花梨家具：晏如居藏品选》，三联书店（香港）有限公司，2016）

图4-32-1　紫檀圆开光圈椅
靠背板上的圆开光

4. 紫檀圆开光圈椅

紫檀圆开光圈椅（图4-32）特点：

（1）靠背板上左右锼花牙纹。其中间开圆形开光（图4-32-1），这是一种后来才出现的开光变异体，晚于壸门式开光。开光内为团螭龙纹，螭龙纹下缀一朵流云，为螭尾纹之变体。实际上，清早中期之云纹是卷珠纹之异变，而卷珠纹又为螭尾纹之演化。

（2）座面下，壸门牙板中间出尖已近消失，似再进一步，则为洼堂肚式牙板。所以，认为洼膛肚牙板为晚出形式。

此式样椅子闽苏两地共有，多见于闽作家具中。

图4-32　清早中期—清中期　紫檀圆开光圈椅
长60厘米，宽46厘米，高100厘米
（选自蔡辰洋：《紫檀》，寒舍出版社，1996）

二、扶手出头罗锅枨型

1. 黄花梨罗锅枨加矮老圈椅

黄花梨罗锅枨加矮老圈椅（图4-33）特点：

（1）完全光素，不但无雕饰，靠背板两侧也无锼镂花牙纹。这一点恰恰不同于壸门牙板圈椅，其靠背板两侧往往有花牙装饰。

（2）靠背板为两弯C形。

（3）椅盘下接横枨，枨下置矮老和罗锅枨。矮老与椅盘的连接，有两种式样：一种是矮老直接于椅盘大边和抹头上，另一种是矮老上有横枨支撑椅盘大边、抹头。此椅属后者。

此式样椅子闽广两地共有。

图4-33　明末清初　黄花梨罗锅枨加矮老圈椅

长65厘米，宽59.5厘米，高94.5厘米

（中贸圣佳国际拍卖有限公司，2015年秋季）

2. 黄花梨罗锅枨加矮老圈椅

黄花梨罗锅枨加矮老圈椅（图4-34）特点：

（1）椅盘下罗锅枨矮老上加横枨，横枨与椅盘边抹相接。

（2）前面、两侧管脚枨下均以罗锅枨相抵，代替牙板。这个特点是于明式家具末期发展出来的，也带有地域特点。

此椅整体形态与上例圈椅大致相同。

此式样为闽作家具、广作家具特色。

图4-34　清早中期　黄花梨罗锅枨加矮老圈椅
长59.5厘米，宽49.5厘米，高98厘米
（选自美国明代家具公司：《中国古典家具图册》）

3. 龙眼木罗锅枨加矮老圈椅

龙眼木罗锅枨加矮老圈椅（图4-35）特点：

（1）椅盘面沿分成上下两段，上段凸，下段凹，即椅盘下段铲地一层，形成两层台阶状，这是闽作家具上的一种符号，也偶见于黄花梨家具上。

（2）椅盘下沿起一条粗线，腿内侧也起一条粗线，两者直角相交。

（3）前管脚枨以齐肩榫与左右腿相接。枨之上下边起粗线，两线中间铲平。

（4）鹅脖为三弯形，后退安装，与前腿非一木连做。

（5）管脚枨为"低、高、低"式赶枨，说明"低、高、低"式赶枨存在于闽作家具之上。

此龙眼木圈椅可明确地认定为莆田仙游家具，此椅的某些特点对判断同式样的黄花梨圈椅产地有参考作用。

图4-35 清中期 龙眼木罗锅枨加矮老圈椅
长56.9厘米，宽44厘米，高97厘米
（苏富比纽约有限公司，1993年6月）

三、扶手出头洼堂肚牙板型

1. 黄花梨洼堂肚牙板圈椅

黄花梨洼堂肚牙板圈椅（图4-36）特点：

（1）全身光素，结构简洁。

（2）光素的洼堂肚牙板可视为壶门牙板的变异
形式，年份较晚，故此椅年代应为清早中期。

此式样椅子闽苏两地共有。

图4-36　清早中期　黄花梨洼堂肚牙板圈椅
长55.9厘米，宽43.8厘米，高96.5厘米
（美国私人藏）

四、扶手出头束腰型

1. 黄花梨罗锅枨螭龙纹圈椅

黄花梨罗锅枨螭龙纹圈椅（图4-37）其特点为：

（1）有多处变化，周身雕刻。靠背板透雕寿字纹和螭龙纹（图4-37-1）。

螭龙纹拐子化，同时也呈现明显的简化形态。

（2）扶手出头雕回首螭龙纹。

（3）座面下有束腰、三弯腿、罗锅枨，犹如一个方凳。

（4）后腿上截、联帮棍、鹅脖均为三弯形，两端反向内卷。

（5）牙板为壸门式变体，两侧下沿有尖牙纹。

全椅雕工繁复，结构和构件多处变异，代表着传统式样的变革和发展。

此椅上半部为广作风格，下半部为福建漳州风格，可见闽作家具与广作

家具的融合。

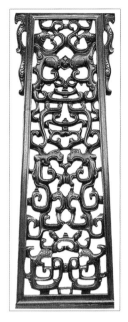

图4-37-1 黄花梨罗
锅枨螭龙纹圈椅靠背
板上的透雕寿字纹和
螭龙纹

图4-37 清中期 黄花梨罗锅枨螭龙纹圈椅

长60厘米，宽49厘米，高99厘米

（中国嘉德国际拍卖有限公司，2012年秋季）

五、靠背板变化型

1. 红木花瓶形靠背板圈椅

红木花瓶形靠背板圈椅（图4-38）特点：

（1）靠背板如花瓶状，两侧曲线多变，故取此名，这是闽作家具的特征。靠背板四边起粗线，面上依次雕蝙蝠纹、玉磬纹、丝穗纹，取"岁岁福庆"之意。其下为一对变体螭龙纹、拐子纹。两侧中段饰卷草形纹。这些纹饰常见于清中期以后的家具上。

（2）座面下，攒框中置两个委角长方形卡子花，这是闽作家具的特征。

图4-38　清中晚期　红木花瓶形靠背板圈椅
长61厘米，宽51厘米，座高52厘米
（选自北京市文物局：《北京文物精粹大系·家具卷》，北京出版社，2003）

六、扶手不出头罗锅枨加矮老型

扶手不出头圈椅与扶手出头圈椅不同，其椅圈扶手与鹅脖一般为45°角相接，个别为挖烟袋锅榫。它们普遍矮于扶手出头圈椅。罗锅枨加矮老为扶手不出头圈椅中的主要式样，实物最多。

1. 黄花梨扶手不出头圈椅

黄花梨扶手不出头圈椅（图4-39）特点：

（1）椅圈三接，与鹅脖相交，无联帮棍。联帮棍在三接椅圈上可有可无，但在五接椅圈上必置，因为要支撑一截扶手。

（2）整体造型以椅身上部婉转线条为亮点。椅圈两侧先内收，再微微外张与微曲的鹅脖相接。

（3）靠背板上小下大，宽窄比例适度，一般靠背板下端尺寸宽于上端1.5厘米以上。这一点对于任何一把圈椅，乃至四出头官帽椅、南官帽椅，都极为重要。而更高的四出头官帽椅、南官帽椅，靠背板上下端尺寸差更大。

（4）靠背板上花纹呈山水纹状，用料上乘。明式家具匠作中，重要看面须特别注重选材，如椅子靠背板、柜子柜门等。

（5）无联帮棍，这种形态多见于闽作家具、广作家具之中。座面下为罗锅枨加矮老，构件精简，呈线性化，颇富空灵和流动之美。

（6）从侧面（4-39-1）看，靠背板三弯，后倾角度较大。后腿上截的最上端微微前倾。

此椅上部为封闭半圆形，下部为方形，形成方圆对比，具有稳定的空间感。

罗锅枨与矮老位置布局均匀而紧凑，但拐弯处稍显生硬。

此式样椅子闽广两地共有。

图4-39-1 黄花梨扶手不出头圈椅的侧面

图4-39　清早期　黄花梨扶手不出头圈椅

长61厘米，宽53.2厘米，高88.2厘米

（选自霍艾：《极简之风：霍艾藏中国古典家具》，德国科隆东亚艺术博物馆，2004）

2. 紫檀扶手不出头圈椅

紫檀扶手不出头圈椅（图4-40）特点：

（1）椅圈三接处在后腿后侧的椅圈上，以便扶手一截前后有支撑。无联帮棍。

（2）椅圈先内收，再微微外张与微曲的鹅脖相接。

（3）三弯形靠背板后倾角度较大。后腿上截亦微微前倾。

（4）座面下为罗锅枨加矮老。

此椅为闽广地区的制作。

图4-40　清早期　紫檀扶手不出头圈椅
长58.5厘米，宽47厘米，高90厘米
（选自蔡辰洋：《紫檀》，寒舍出版社，1996）

3. 黄花梨螭龙形寿字纹圈椅

黄花梨螭龙形寿字纹圈椅（图4-41）在器物发展序列上，显而易见为前两例圈椅的发展型。其特点为：

（1）靠背板上壶门式开光加大，其中两个相对的螭龙纹中间为菱形纹饰（图4-41-1），呈异变之态。

（2）座面下，四面加攒框扇活。前面攒框中，两矮老三分其空间。中间框内置螭龙形寿字纹卡子花，两侧框中各置变体回纹卡子花。这种攒框方式和构件的增加，表明此椅制作年代进一步推延。

此椅最明确地说明，后来者往往要通过增加新元素来突破先前的旧式样。尽管今天看来，结果并不一定令人满意，但当时的制作逻辑是求发展、求变化的。

此椅上卡子花突显了其闽地风格。

图4-41　清中期　黄花梨螭龙形寿字纹圈椅

长56厘米，宽46厘米，高98厘米

（浙江清风山房藏）

图4-41-1　黄花梨螭龙形寿字纹圈椅靠背板上的纹饰

七、扶手不出头竖棖靠背型

1. 黄花梨竖棖靠背圈椅

黄花梨竖棖靠背圈椅（图4-42）特点：

（1）靠背置三条竖棖，上细下粗，而非常见的靠背板。扶手下为两根联帮棍，也不是常见的一根联帮棍。在审美上，一些元素有条理地反复、交替或排列，使人感受到视觉上的动态连续性，产生节奏感，带来审美享受，产生愉悦的心情。竖棖并列排列就创造了这种节奏美感。

（2）后腿上截微弯。从侧面（图4-42-1）看，靠背竖棖为弯曲度极大的三弯形，更增添了此椅曲线表现力。

（3）座面下为罗锅枨加矮老，其线型形态与椅子上部的竖棖相呼应。

清早中期后，大部分家具向雕刻化、屏风化发展。但同时，某些家具未使用雕工，但有变异，竖棖式样家具为其中的一种。此式样又称为笔杆式、梳背式。这种线型材料的组合给人以空透、轻盈之感，是板式靠背所不具备的。

这种样式家具属于明式家具"第二条发展轨迹"上的作品。

此式样为闽作家具、苏作家具共有。

图4-42-1　黄花梨竖棖靠背圈椅侧面

图4-42　清早中期　黄花梨竖棖靠背圈椅

长62.9厘米，宽58.4厘米，高90.2厘米

（选自安思远：《洪氏所藏木器百图》，2005）

八、扶手不出头竹节纹型

1. 黄花梨竹节纹圈椅

黄花梨竹节纹圈椅（图4-43）特点：

（1）全身用料粗硕，雕竹节纹。在保持不出头圈椅形态基础上，以更多工艺和纹饰锦上添花。较之常规不出头圈椅，增加了更多审美元素。

（2）椅盘下垛边裹腿，下置罗锅枨加矮老，使椅子中部结实饱满。腿下则以罗锅枨抵圆裹圆管脚枨。这些构件在视觉上形成多重厚重感。

（3）靠背板上中下三段图形变幻，上段框内为两横两竖棂格交错；中段框内为三根竖棂，加上外框，为五条竖棂形态，其上的四道横向竹节纹规律成行，与上段的棂格变幻相呼应；下段亮脚处置变异罗锅枨。

此椅纹饰设计上，费尽心力，为上乘之作。各组纹饰的相异性、变化性、对比性，随处可见。在繁复的纹饰中，变化与对比提升了设计制作的品格。相异性大、变化性强的作品与时光变迁相关联。

此椅结构和纹饰明确表明其已为清中期之作，在明式家具中从未见过此类椅子，它属于"后明式家具时期"的器物。

此式样椅子为闽作家具、苏作家具共有。

图4-43 清中期 黄花梨竹节纹圈椅

长59.7厘米，宽46.3厘米，高99.7厘米

（选自安思远：《夏威夷收藏中国硬木家具》，美国檀香山艺术学院，1982）

九、扶手不出头壶门牙板型

1. 黄花梨壶门牙板圈椅

黄花梨壶门牙板圈椅（图4-44）特点：

（1）婉转的三弯形扶手与微微三弯的鹅脖相接。

（2）靠背板开光中，雕饰左右对称的螭龙纹，中间为螭
尾纹，这是清早期椅子靠背板上常见的子母螭龙纹形态。

（3）座面下，正面为壶门式牙板券口，横牙板上雕螭尾
纹；侧面为洼堂肚牙板券口。

（4）四腿挓度大，椅子整体有上耸的动感。

福建南部漳州地区和广东地区均有此类圈椅，只是福建
漳州的作品更精细一些。

图4-44　清早期　黄花梨壶门牙板圈椅

长62.2厘米，宽58.2厘米，高103厘米

（选自罗伯特·雅各布逊：《明尼阿波利斯艺术馆藏中国古典家具》，明尼阿波利斯艺术馆，1999）

图4-45-1 黄花梨攒接券
口圈椅座面下券口的委角

十、扶手不出头攒接券口型

1．黄花梨攒接券口圈椅

黄花梨攒接券口圈椅（图4-45）特点：

（1）扶手与鹅脖各呈三弯形，相接合成逶迤的曲线。无联帮棍。

（2）座面下正面、侧面腿间，圆材攒接券口，左右角为委角（图4-45-1），于左右上角各露出一个三角形空间。

（3）管脚枨下以圆材罗锅枨相抵。罗锅枨两端上角的空白与券口上角的三角形空间相映成趣。这两种做法有明显的年份偏晚表征，别例见于明式家具末期的各种椅凳上。

本椅样式极其优美简练，不可多得。它也给人如下启示：某些简洁式样的椅子制作年份也会较晚，明式家具末期也有简约之作，它们属于明式家具"第二条发展轨迹"上的作品。这种式样的改变，其得失美丑，可能见仁见智。

此椅兼具闽作家具与广作家具的风格。

图4-45 清早中期 黄花梨攒接券口圈椅

长70厘米，宽47厘米，高93.5厘米

（选自马克斯·弗拉克斯：《中国古典家具私房观点》，中华书局，2011）

十一、扶手不出头马蹄足型

1. 黄花梨马蹄足圈椅

黄花梨马蹄足圈椅（图4-46）特点：

（1）座面下有横枨，非为牙板。它与四腿形成方框结构，承受力强于座面下置牙板做法。此类构造和设计在其他椅类上也有发现，但为数不多，应属某种匠作的特殊做法，而且年份偏晚。

（2）足部挖出内翻马蹄状，不同于绝大多数椅类的直足，这是具有地域特色的符号，也是年份偏晚的标志。

（3）鹅脖后退距离很大。扶手与鹅脖相交处（图4-46-1）以角牙相托。无联帮棍。

扶手与鹅脖相连的形态说明其年份偏晚。该椅也是明式家具"第二条发展轨迹"上的作品。

此椅兼具闽作家具、广作家具风格。

图4-46-1　黄花梨马蹄足圈椅扶手与鹅脖相交处

图4-46　清早中期　黄花梨马蹄足圈椅

长55.5厘米，宽42.6厘米，高86.5厘米

（原美国加州中国古典家具博物馆藏）

第五节　南官帽椅式

南官帽椅大致有高式和矮式，高式可粗略地分为头枕搭脑型、搭脑两端装牙头型、马蹄足型等。矮式南官帽椅的搭脑可分为两弯型、罗锅枨型。

一、头枕搭脑壶门牙板型

此类南官帽椅之搭脑中间高宽，削平如枕，称为"头枕"。经典的头枕搭脑型南官帽椅大多具有完美的比例、尺度和微妙的三弯形构件。后腿三弯、靠背板三弯、扶手三弯、鹅脖三弯，椅盘下牙板为壶门式曲线。这些曲线结合成就了本类椅子的优雅气质。

此类南官帽椅最见制作功力之处在于搭脑的婉转变化，搭脑线条过渡自然与否，决定了整椅美观与否的半壁江山。其简素与繁饰、方与圆、曲与直、凹与凸的对比，恰到好处者，每每令今人叹服，玩味不尽。这是多少代人，父父子子、师师徒徒，年复一年的推敲和切磋的结果。它们是在明式家具发展的漫漫长路中逐渐形成的程式化、典范化的作品。

1. 黄花梨壶门牙板南官帽椅

黄花梨壶门牙板南官帽椅（图4-47）特点：

（1）搭脑中间平缓宽大，略微呈现出八字形脊线，并向两端过渡为圆棍状。

（2）椅子上部的多个构件，如搭脑、扶手、联帮棍、鹅脖、靠背板均呈三弯形。

（3）座面下壶门牙板的分心处面上雕草芽纹，两侧下缘各出尖牙纹。竖牙条边出多个牙纹。横竖牙子均起边线，牙状装饰成为一个突出的特点。

此式样椅子闽苏两地共有。

图4-47　清早期　黄花梨壶门牙板南官帽椅

长61.5厘米，宽46.5厘米，高119厘米

（选自邓南威：《隽永姚黄：中国明清黄花梨家具》，生活·读书·新知三联书店，2016）

2. 黄花梨寿字纹南官帽椅

黄花梨寿字纹南官帽椅（图4-48）特点：

（1）搭脑中间平缓宽大，面上略微呈现出八字形脊线，并缓缓向两端过渡为圆棍状。

（2）椅子上部的多个构件，如搭脑、扶手、联帮棍、鹅脖、靠背板均呈三弯形。

（3）靠背板花纹绚丽。圆开光内，浮雕寿字纹（图4-48-1），这种寿字纹处于"螭龙体"向"美术体"过渡的状态。

（4）座面下有壶门牙板券口。横牙板面上雕螭尾纹，为正反螺旋状，形态饱满。两侧下沿各出尖牙纹。横竖牙子均起边线。

此式样椅子闽苏两地共有。

图4-48-1　黄花梨寿字纹南官帽椅靠背板上的寿字纹

图4-48　清早中期　黄花梨寿字纹南官帽椅

长57.5厘米，宽45厘米，高116厘米

（中贸圣佳国际拍卖有限公司，2017年春季）

图4-49-1　黄花梨罗锅枨加矮
老南官帽椅的侧面

二、头枕搭脑罗锅枨型

1. 黄花梨罗锅枨加矮老南官帽椅

黄花梨罗锅枨加矮老南官帽椅（图4-49）特点：

（1）搭脑线条婉转曲折，中间头枕宽平，两端渐圆，正视为对称的三弯形。

（2）靠背板上收下舒，其挓度与整椅之上小下大形态相呼应。

（3）椅盘冰盘沿台阶状内收，幅度较大。

（4）座面下置高罗锅枨，上有两根矮老。其罗锅枨的高起状显示了其年代偏晚。

（5）四腿外圆内方。

（6）从侧面（图4-49-1）看，后腿上截三弯，与靠背板形态协调一致。

此式样椅子闽苏两地共有。

三、头枕搭脑马蹄足型

1. 黄花梨马蹄足南官帽椅

黄花梨马蹄足南官帽椅（图4-50）特点：

（1）椅盘边抹下不是牙板，而是横枨，与四腿格角榫相接，形成一个方框体。

（2）前后左右管脚枨在一个水平面上，而非常见之"低、高、低"式或"低、高、更高"式。这也见于许多清中晚期闽作杂木扶手椅上。

（3）腿下截为方材，非外圆内方形态。足部挖下一块弧

形木材，形成马蹄足（图4-50-1），马蹄足的宽度与腿部的宽度相等。这种马蹄足式样在清晚期红木家具上多见，故推断此椅在黄花梨家具发展年代序列中偏晚。

（4）前管脚枨出梯形格肩榫，与左右腿相交，也是高式南官帽椅的一种特殊式样。它具有地域特征，也标志年代偏晚。常规椅子前管脚枨两端通常出飘肩榫包盖于左右两腿之上。

此椅子应是一种特殊匠作的做法，风格独特。在个别灯挂椅上也可见到这种做法。

此式样为闽作家具。

图4-50 清中期 黄花梨马蹄足南官帽椅

长55.9厘米，宽45.5厘米，高118厘米

（选自马克斯·弗拉克斯：《中国古典家具图册II》，1997）

图4-50-1 黄花梨马蹄足南官帽椅的马蹄足

四、两弯搭脑罗锅枨型

搭脑两弯型南官帽椅搭脑通体为圆材，两端自然前曲，为两弯C形。一般而言，其身高矮于头枕搭脑型南官帽椅，故此类椅也称为矮南官帽椅。所见实物多制作于清早中期或更晚的年代。

1．黄花梨寿字纹南官帽椅

黄花梨寿字纹南官帽椅（图4-51）特点：

（1）搭脑状如圆棍，呈两弯C形，仿佛拥抱之态。

（2）靠背板开光中雕寿字纹。

（3）椅盘直接矮老，下有罗锅枨支撑。

（4）前管脚枨下置罗锅枨，代替牙板，也与上面的罗锅枨呼应。

寿字纹和管脚枨下罗锅枨这两点都是发展变异后的形态，匠心创意而为，但也表明此椅年份偏晚。

此式样在闽作家具中有制作。

图4-51 清早中期 黄花梨寿字纹南官帽椅
长73厘米，宽47.9厘米，高102.8厘米
（佳士得纽约有限公司，1997年3月）

2. 鸡翅木三环卡子花南官帽椅

鸡翅木三环卡子花南官帽椅（图4-52）特点：

（1）四腿上截为圆材，下截为方材。

（2）三弯形靠背板开光中，雕变体寿字纹。

（3）椅盘面沿呈上下层式，上层平直起线，下层内收打洼。

（4）椅盘下加横枨，下有三环卡子花。再下又置直枨，上下边起线，双线内铲平。直枨下两端有角牙，雕西番莲纹。此纹出现于闽作家具上尤应关注。管脚枨同样上下边起线，中间铲平。这成为当时闽作家具的一个特点。

（5）前后腿间在较高处置罗锅枨。

此式样为莆田地区制作的家具。

3. 鸡翅木灵芝纹卡子花南官帽椅

鸡翅木灵芝纹卡子花南官帽椅（图4-53）特点：

（1）靠背板为三段式：上段中有壸门式透光；中段平镶木板；下段亮脚，牙板下沿轮廓两端为钩云状，与上段透光呼应。

（2）座面下置罗锅枨，上有两个灵芝纹卡子花，姿态变幻而优美。灵芝纹在闽作家具中被特别重视，有特殊的含义。

（3）座面高仅为30.8厘米，为特殊的矮南官帽椅。

此式样椅子见于闽作家具。

图4-53 清中期 鸡翅木灵芝纹卡子花南官帽椅
长55.5厘米，宽42.5厘米，高62.5厘米
（选自王世襄：《明式家具萃珍》，上海人民出版社，2005）

4. 乌木高扶手南官帽椅

乌木高扶手南官帽椅（图4-54）特点：

（1）靠背板为花瓶形，在中部、下部和底部多处雕相对的草芽纹。

（2）扶手后高前低，呈垂直向三弯形。

（3）靠背板、扶手下三面置直枨、矮老、双环卡子花，这些特点常见
于玫瑰椅上。椅盘下窄牙板连小牙头，装饰草牙纹。

（4）牙板下攒直角罗锅枨，上置矮老，边上起粗线。

（5）管脚枨下牙板牙头拐弯生硬，边线较粗。

此椅多处符号值得关注：靠背板、扶手、鹅脖、椅盘下牙板、攒直
角罗锅枨、管脚枨下牙板，都显示了重要的地域特点。

有闽地行家言：莆田早年"铲地皮"曾发掘出一对乌木南官帽椅，
与此对椅子相同，不知是否为同一物。

图4-54　清中期　乌木高扶手南官帽椅

长57.5厘米，宽43.8厘米，高96厘米

（中国嘉德国际拍卖有限公司，2016年春季）

5. 黄花梨螭龙螭凤纹南官帽椅

黄花梨螭龙螭凤纹南官帽椅（图4-55）特点：

（1）通体以方材制。

（2）搭脑、扶手端部透挖出回转的正反拐子纹，透雕构件面上加浮雕方形卷珠纹。这是漳州做工的特色。制作这种家具须用宽材大料。

（3）搭脑、扶手端部均做出委角。

（4）靠背板委角长方形开光中，浮雕螭龙螭凤纹，左为龙，右为凤，意为"龙凤和鸣"。

（5）靠背板底开亮脚，其两端回勾。亮脚上方雕一对相背的卷珠纹，与搭脑、扶手上的卷珠纹相呼应。

（6）座面沿方正平直。其下方折罗锅枨上抵座面。罗锅枨两端上卷，亦呈方折样式。

（7）左右管脚枨与腿以格角榫相交。

此类椅子为闽地制作。

图4-55 清中期 黄花梨螭龙螭凤纹南官帽椅

长55厘米，宽44厘米，高98厘米

（广东留余斋藏）

五、两弯搭脑直牙板型

1. 黄花梨高扶手南官帽椅

黄花梨高扶手南官帽椅（图4-56）特点：

（1）搭脑为两弯C形。扶手三弯，从侧面（图4-56-1）看，后高前低，势如俯冲，俗称"高扶手"。

（2）扶手与二弯形鹅脖以挖烟袋锅榫相交，形成前倾的动势。

（3）三弯形靠背板三段攒框而成，框起棱线。上段壶门式开光中，双阳线浮雕卷云纹，云形饱满周正，边缘婀娜多姿，边线为高凸的阳线。中段落堂镶板。下段亮脚使用夸张的壶门式曲线，两端为钩云纹，也形成一个视觉焦点。

（4）椅盘混面。腿间有直牙板券口。前管脚枨下左右以角牙代替牙板，亦表明年代偏晚。

此式样椅子闽苏两地共有。

图4-56-1　黄花梨高扶手南官帽椅侧面

（广东留余斋藏）

图4-56　清早中期　黄花梨高扶手南官帽椅

长58厘米，宽46.5厘米，高92厘米

185

图4-57-1　黄花梨高扶手南官帽椅靠背板上的螭龙纹

六、两弯搭脑壶门牙板型

1. 黄花梨高扶手南官帽椅

黄花梨高扶手南官帽椅（图4-57）特点：

（1）搭脑为两弯C形。扶手三弯，略微呈后高前低之状。

（2）搭脑与后腿上截、扶手与鹅脖均以挖烟袋锅榫相接。

（3）三弯形靠背板上有壶门式开光，其中雕左右对称的螭龙纹（图4-57-1），中间下端为螭尾纹。

（4）椅盘冰盘沿。其下壶门牙板上雕螭尾纹，与靠背板上螭龙纹相呼应。

此式样椅子闽苏两地共有。

图4-57　清早中期　黄花梨高扶手南官帽椅

长59.8厘米，宽45厘米，高87.4厘米

（中贸圣佳国际拍卖有限公司，2018年秋季）

2．紫檀卷珠纹南官帽椅

紫檀卷珠纹南官帽椅（图4-58、图4-58-1）特点：

（1）搭脑两端与后腿上截格角相接。

（2）三弯形扶手与鹅脖格角相接。有联帮棍。

（3）靠背板上的壶门式开光中，雕变体卷珠纹（图4-58-2）。

（4）椅盘前大边为弧线形，下有随形弧线形牙板，中心纹饰为变体草芽纹，成为一对卷珠纹，牙板两端亦饰卷珠纹。无牙头。

（5）侧牙板置高罗锅枨，也是变异形态。前管脚枨下亦置罗锅枨，枨下中间凸出一块木料，上饰卷珠纹，十分考究。

以上这一切特点在以往典型的矮南官帽椅上均未见，是创新和改良的结果。此椅为闽作家具，略带广作风格。这也说明此椅年代较晚，已入清中期，为"后明式家具时期"的器物。

图4-58-2　紫檀卷珠纹南官帽椅靠背板上的卷珠纹

图4-58　清中期　紫檀卷珠纹南官帽椅
长61厘米，宽57厘米，高94厘米
（原美国加州中国古典家具博物馆藏）

图4-58-1 紫檀卷珠纹南官帽椅的正视、侧视、俯视图

七、两弯搭脑洼堂肚牙板型

1. 紫檀圆开光南官帽椅

紫檀圆开光南官帽椅（图4-59）特点：

（1）靠背板上雕圆形开光，这是年份偏晚的特征。还有一些其他特征也佐证此椅年份判定。开光内雕牡丹花纹（图4-59-1），雕工细致。

从明式家具纹饰流变史角度看，类似此椅上阴刻的叶脉和细密刻划的花蕾几乎未见。牡丹纹亦未见于其他明式家具上。但是，此牡丹纹与许多清中期紫檀家具上的西番莲纹雕工却十分相近，如某些紫檀顶箱柜上的西番莲纹。明式家具的纹饰中几乎没有大型的花朵纹，尤其是没有牡丹纹。这类个例性的图案出现的年代都偏晚。硬木家具上主体图案若雕花朵纹，其年代至早为清早中期，一般为清中期。

（2）搭脑、扶手的横竖材交榫处均为格角，而非挖烟袋锅榫，这在黄花梨椅子上不常见。

（3）管脚枨出明榫且露头，在黄花梨椅子上亦少见。有论者以为这是建筑构件出榫做法的遗风，年代偏早，但未见应有的举证和论证。相反，所见其他出榫的硬木家具实物上多带有福建漳州地区做工特征，也常有年代偏晚之作。

（4）座面前宽后窄，前面大边呈弧形向前凸出，这种扇面形座面也是发展变化后的表现，其年代自然较晚。

此式样椅为闽作家具。在福州、莆田仙游、泉州等地均有制作。

图4-59-1　紫檀圆开光南官帽椅靠背板上的牡丹纹

图4-59　清中期　紫檀圆开光南官帽椅
长75.8厘米，宽60.5厘米，高108.5厘米
（上海博物馆藏）

2. 紫檀拐子纹南官帽椅

紫檀拐子纹南官帽椅（图4-60）特点：

（1）构件多为方料，面起指壳圆（微混面）。

（2）搭脑为上下、前后双向罗锅枨形。

（3）扶手、鹅脖均三弯，鹅脖下端连以拐子式构件。此椅代表了拐子纹扶手椅初期的状态。

（4）椅盘混面，座面为硬屉。

（5）前面、侧面牙板中间均为洼堂肚变体，锼出透雕拐子纹（图4-60-1）。两端牙头回勾出尖，上面阴刻回纹。此扶手椅为漳州地区的家具。

图4-60-1　紫檀拐子纹南官帽椅牙板上的拐子纹

图4-60　清中期　紫檀拐子纹南官帽椅
长56厘米，宽44厘米，高101厘米
（香港两依藏博物馆藏）

八、罗锅枨形搭脑竖棂靠背型

1. 黄花梨竖棂南官帽椅

黄花梨竖棂南官帽椅（图4-61）特点：

（1）搭脑中间一段向后弯，俯视可见其为横向罗锅枨形（图4-61-1）。

（2）靠背置三根竖棂，而非靠背板。清早中期后，闽作家具上流行竖棂式样，此椅体现了这种变化。

（3）座面下罗锅枨上弯处趋向中间，体现出"出门走一段后才拐弯"的晚期特征。

以上三个特点均出于偏晚的年代，尽管此椅全身光素。其制作于清中期，也是"后明式家具时期"的器物。

这种三根竖棂的做法，也见于福建软木家具上。

图4-61-1 黄花梨竖棂南官帽椅上的横向罗锅枨形搭脑

图4-61 清中期 黄花梨竖棂南官帽椅
长59厘米，宽47厘米，高82.5厘米
（清华大学艺术博物馆藏）

2．紫檀竖棂南官帽椅

紫檀竖棂南官帽椅（图4-62）特点：

（1）搭脑、扶手、四腿均为方材。搭脑正视和俯视均为罗锅枨形。

（2）靠背上直棂密度加大，数目增多，但保留着圆材形态。此种做法又称为"笔杆式""梳背式"。腿间罗锅枨上置委角长方形卡子花，其上有横枨。委角长方形卡子花在闽作家具上也是常见的。

由这种紫檀器物的形态可以推断，同式样的黄花梨器物年代也偏晚。

清早中期后，竖棂在椅子、"气死猫"柜子上的使用尤其多见。这些以光素材料加工、组合制作的新款家具，是明式家具的"第二条发展轨迹"上的产物。虽然其主流性不如"第一条发展轨迹"上的作品，但仍有一定数量的制作。清中期、清晚期继承了这一态势。"第一条发展轨迹"上的作品以增加构件、增加雕饰图案为特点。

此椅兼具闽作家具和广作家具的风格。同类竖棂扶手椅以圆材制作为多。

图4-62 清中期 紫檀竖棂南官帽椅
长56厘米，宽42厘米，高91厘米
（香港两依藏博物馆藏）

九、变异型

1.紫檀仰俯山字纹南官帽椅

紫檀仰俯山字纹南官帽椅（图4-63）特点：

（1）整体用材粗壮。搭脑两弯。

（2）三弯形扶手与三弯形鹅脖格角相接。联帮棍亦为三弯形。

（3）椅盘为混面。座下正面、侧面上端攒出仰俯山字纹。其下为圆材券口。

（4）四足间连以裹腿枨，为劈料做法。正面枨下置罗锅枨，代替牙板。

此椅为闽作家具。

图4-63　清中期　紫檀仰俯山字纹南官帽椅

长57厘米，宽47厘米，高93.5厘米

（选自莎拉·韩蕙：《中国建筑学视角下的明式家具》，2005）

193

图4-64-1 黄花梨券口
靠背玫瑰椅的侧面

第六节　玫瑰椅式

玫瑰椅可分为券口靠背型、圈口靠背型、屏风靠背型、套框垛边型、竖楔靠背型、罗锅枨形搭脑型、上下双罗锅枨型。

一、券口靠背型

三面有牙板者称为券口，四面有牙板者称为圈口。

1. 黄花梨券口靠背玫瑰椅

黄花梨券口靠背玫瑰椅（图4-64）特点：

（1）靠背为三面牙板券口式，横牙板上雕螭尾纹，竖牙板上雕拐子纹。

（2）靠背和扶手下方置横枨，下接双矮老。

（3）座面下为壶门牙板券口，侧面（图4-64-1）为洼堂肚牙板和直牙头。

此椅尽管形态简洁，但纹饰符号表明其年代偏晚。

此式样在闽作家具、苏作家具中均有制作。

图4-64　清早中期　黄花梨券口靠背玫瑰椅

长57.5厘米，宽45.5厘米，高86.5厘米

（清华大学艺术博物馆藏）

图4-65 宋 李公麟《西园雅集图》中的扶手椅

（邵晓峰：《中国宋代家具：研究与图像集成》，东南大学出版社，2010）

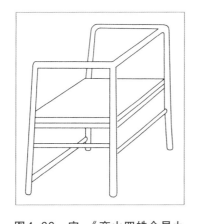

图4-66 宋 《商山四皓会昌九老图》中的扶手椅

（邵晓峰：《中国宋代家具：研究与图像集成》，东南大学出版社，2010）

图4-67 （传）宋 《十八学士图》中的扶手椅

（台北故宫博物院藏）

在宋代（或传为宋代）的画作中，貌似可见类似玫瑰椅形制的座椅，用料单薄，靠背与扶手、椅盘垂直相交。按照想象，明式家具中的玫瑰椅应该由宋代椅子发展而来，经历了明早中晚期、明末清初，传承到黄花梨家具上。但是，事实并非如此。

宋代椅子搭脑与扶手是在同一水平面上的。如宋代李公麟所作《西园雅集图》中的扶手椅（图4-65）、宋《商山四皓会昌九老图》中的扶手椅（图4-66）。传为宋人所作的《十八学士图》（图4-67）中的扶手椅也是如此。

在明晚期出土实物中，未见玫瑰椅形态的椅子。但出土过四出头官帽椅、圈椅、南官帽椅。

在明万历、崇祯朝的刻本版画插图上，交椅、四出头官帽椅、圈椅、南官帽椅的图像均有展现，但未见到玫瑰椅图像。而同一时期刻本图像上，可见直腿、直搭脑式的矮椅，或是有靠背板的椅子，或是搭脑与扶手同高的椅子，而非搭脑高、扶手低的玫瑰椅形态。

结合黄花梨玫瑰椅实物的形态，可认为玫瑰椅出现不早于清早期，依据是其上均有雕刻装饰。它们虽近似光素，但存在其他年代偏晚的特征：纹饰为变化形态。

玫瑰椅椅盘之上的构件基本是平直的。这与搭脑、扶手是多为弯形的四出头官帽椅、圈椅、南官帽椅显然不同。虽然，在为数极少的闽作玫瑰椅上，搭脑和扶手也有曲线的变化。

在品级上，玫瑰椅应逊于上述三种椅类，属家庭中普通的坐具，故至今尚可见多只成堂者。

玫瑰椅轮廓造型上程式化、稳定性极强，形态大多数是横平竖直的。但其靠背部分变化性最强，递变之快远远超越其他椅类。玫瑰椅靠背的演化是由虚而实、从简至繁的，形态丰富多变、千卉竞秀。其工艺花式之繁、手段之多，也远胜其他椅类。

2．黄花梨螭龙纹玫瑰椅

黄花梨螭龙纹玫瑰椅（图4-68）特点：

（1）靠背为券口式。横牙板上雕变体螭尾纹，牙板两端下缘出尖牙纹，尖牙纹面上雕草芽纹。这种草芽纹形如螭尾的尾尖，是螭尾纹简化体。

（2）靠背券口下置横枨，枨下有双矮老。扶手下部形态一如靠背。

（3）椅盘冰盘沿，其下正面横牙板中心雕简洁的草芽纹，为进化后纹饰。横牙板两端下沿各出两个尖牙纹。

此式样在闽作家具、苏作家具中均有制作。

图4-68　清早中期　黄花梨螭龙纹玫瑰椅
长59.3厘米，宽45.5厘米，高88.5厘米
（中国嘉德国际拍卖有限公司，2015年春季）

3. 黄花梨直牙板玫瑰椅

黄花梨直牙板玫瑰椅（图4-69）特点：

（1）靠背为横竖牙板券口，横牙板下边缘左右各锼出两个牙纹，正面浮雕拐子纹。在券口下部安横枨加矮老，使造型多出一个层次。

（2）扶手下亦安横枨加矮老。

（3）椅盘下为刀子牙板牙头。牙头与牙板格角相接。

此椅上的拐子纹形态表明其年份偏晚。

此式样在闽作家具、广作家具中均有制作。

图4-69 清早中期 黄花梨直牙板玫瑰椅
长59厘米，宽47厘米，高81厘米
（中国国家博物馆：『大美木艺——中国明清家具珍品』展览）

二、圈口靠背型

1. 黄花梨圈口靠背玫瑰椅

黄花梨圈口靠背玫瑰椅（图4-70）特点：

（1）靠背为圈口式，为改进后的新式样，牙板内侧曲线优美。上下左右四面有牙条者为圈口式。

（2）左右扶手内，圈口牙板与靠背板形态一致，只是扶手上牙板的尺寸略小些。两者有呼应又有变化。

（3）椅盘面沿为混面，上下压边线。

（4）腿间券口洼堂肚横牙板与靠背和扶手上圈口的年代特征统一。

在莆田、福州等地还发现了一些与此椅同款的玫瑰椅由鸡翅木等材质制作，说明圈口靠背玫瑰椅在闽作家具中常见。但不排除苏作中也有此式样。

图4-70 清早中期 黄花梨圈口靠背玫瑰椅
长57厘米，宽43厘米，高86.5厘米
（广东留余斋藏）

三、屏风靠背型

1. 黄花梨半屏风靠背玫瑰椅

黄花梨半屏风靠背玫瑰椅（图4-71）特点：

（1）靠背上半部为券口牙板，横竖牙板上均雕螭尾纹。下半部横枨下装透雕心板，图案中间为团形螭尾纹，左右分别为螭龙纹。

这种横枨下装透雕板的做法，可以看作玫瑰椅由券口靠背型向屏风靠背型迈出了半步，故笔者称之为"半屏风靠背"。可以说，这是屏风靠背向券口靠背的挑战之始，也是明式家具椅类上一个重要变化。

（2）扶手下端横枨下置宽厚的变体寿字卡子花，显出闽作家具特征。

靠背、扶手内券口上雕饱满的螭尾纹，透雕板上两螭龙中间饰团形螭龙纹，螭龙身下饰云朵纹，椅盘上下置宽厚的变体寿字纹卡子花等，这些均为时代偏晚的表现，与玫瑰椅开始屏风化的偏晚年代相吻合。

此式样在闽作家具中有制作。

图4-71　清早中期　黄花梨半屏风靠背玫瑰椅
长56厘米，宽47厘米，高87.5厘米
（香港两依藏博物馆藏）

2. 黄花梨屏风靠背玫瑰椅

黄花梨屏风靠背玫瑰椅（图4-72）特点：

（1）靠背装整块透雕绦环板，中间壶门式开光轮廓曲折优美，开光中雕寿字纹，螭龙纹隐于寿字纹间（图4-72-1），即团寿字纹本身是由变形螭龙纹组成。开光左右各透雕大螭龙纹和大螭凤纹，其上下方还雕小螭龙纹和小螭凤纹，成为"子母螭龙纹""子母螭凤纹"组合群雕。其构图笔走龙蛇，虬曲灵动，律动感十足，呈现出明式家具高峰期雕刻工艺的精巧和飘逸。此器风格自由浪漫，构图曲直、黑白、虚实相间，合理的对比使其达到了平衡，意趣盎然。

（2）扶手下置券口，横牙板上雕螭龙纹，螭龙纹中间的螭尾纹变异极大。靠背板框下和扶手券口横枨下，各置团形螭龙纹卡子花。

（3）正面腿间，券口横牙板中间雕回纹，两边为螭龙纹。在这类透雕靠背玫瑰椅上，可见观赏面不断扩大，展示了清早期、清中期之交玫瑰椅上纹饰的巨变。它们应是明式家具最成熟时期的作品，又可视为清式家具的萌芽。清华大学艺术博物馆也藏有同样的黄花梨屏风靠背玫瑰椅。

此时，明式家具座椅出现极盛之态，屏风式靠背板几乎占领了椅子上方的所有空间，让人看到了清式椅类的新时代曙光，这是一场改朝换代的挑战赛。在此，感到了新一代靠背椅的脚步已叮咣而来。

明式家具由简至繁，历经了一个有规律可循的过程，这是一条工艺之河的自然流淌。当你认真审视波涛东去的浪花，就会发现其审美的前方，是观赏面的趋大，更具体地说，是在走向"屏风化"，椅类也是如此。

各式样玫瑰椅，各地均有制作，但这种靠背为屏风式样者，闽作为多。其形态一如闽作家具中常见之大围屏上的裙板。当然，屏风靠背玫瑰椅也是年代偏晚者。

同款式玫瑰椅闽苏两地共有，闽地更多，其透雕靠背板与大围屏的屏心相似度极高。

图4-72-1 黄花梨屏风靠背玫瑰椅靠背板上的螭龙寿字纹

图4-72 清早中期 黄花梨屏风靠背玫瑰椅（摹本）

长61厘米，宽61厘米，高87厘米

（故宫博物院藏，马书绘）

四、套框垛边型

垛边型、套框型玫瑰椅的制作年代较晚，不涉图案雕刻，充分体现了明式家具"第二条发展轨迹"上的作品擅于使用攒斗、垛边等工艺的特点。有时一器之上，有套框也有垛边，姑且将两者归为一类。

1. 黄花梨圆材圈口靠背玫瑰椅

黄花梨圆材圈口靠背玫瑰椅（图4-73）特点：

（1）搭脑和扶手各以挖烟袋锅榫的结构与前后腿相接。

（2）靠背四框内以圆材垛边一圈，再里层以圆材做圈口，四角各做出三角形，总体为八角形状，看面变化独特。

（3）椅盘下有两层垛边，下加两横枨，其间置矮老，攒成扁长方套框，分成左中右三个空间。这种攒成三个扁长方套框的做法在闽作家具上常见。

（4）横枨下为圆材券口。圆材券口形式在闽作家具上也屡见不鲜。

（5）四面管脚枨下亦加圆材垛边。

整器垛边工艺的多处施用，与腿间扁长方套框、八角形券口相呼应。垛边层层叠叠，形成一种繁复的视觉效果，也表明这是某一时期、某类工艺流派的特色。它们与竹制家具的式样有些相像，但因竹制家具没有太早年份的标准器，亦不能决绝地认定这类黄花梨家具是仿竹家具而制的。

此式样在闽作家具、苏作家具中均有制作。

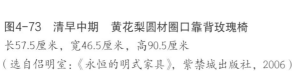

图4-73　清早中期　黄花梨圆材圈口靠背玫瑰椅

长57.5厘米，宽46.5厘米，高90.5厘米

（选自侣明室：《永恒的明式家具》，紫禁城出版社，2006）

五、竖棖靠背型

1. 黄花梨竖棖玫瑰椅

黄花梨竖棖玫瑰椅（图4-74）特点：

（1）靠背和扶手内套四方框，中间均置竖棖。

（2）四腿之间以多个攒框装饰。具体为椅盘下正面为横枨，枨下有两个矮老，与下面横枨相接，矮老间攒三个扁长框，再下为圆材券口。

大量使用竖棖是明式家具晚期的新趋势。圈椅上有，南官帽椅上有，玫瑰椅上更多。竖棖型靠背、扶手具有节奏感之美。

此式样在闽作家具、苏作家具中均有制作。

2. 黄花梨乌木黄杨木玫瑰椅

黄花梨乌木黄杨木玫瑰椅（图4-75）特点：

（1）靠背套框内，扇活上部为双环卡子花，下部为竖棖。

（2）扶手下套框内，为一组单纯的竖棖。

（3）座面下套框中，各面有两个扁圆单环卡子花，与靠背上的双环卡子花形成对比与呼应。

（4）此椅最独特的表现是以三种珍稀木材制成：椅子大框架为黄花梨所制，套框、直棖为乌木所制，卡子花为黄杨木所制。此椅在绚丽多变的视觉效果中，呈现出传统工艺品的俏色审美思维，也是"观赏面不断加大法则"的另一种极致体现。当然，这背后是考究而复杂的选材过程。

此椅出自福建莆田仙游地区，此式样在苏作家具中也存在。

图4-74　清早中期　黄花梨竖棖玫瑰椅
长57.1厘米，宽44.4厘米，高86.4厘米
（苏富比纽约有限公司，1999年3月）

图4-75 清早中期 黄花梨乌木黄杨木玫瑰椅
长58厘米，宽46厘米，高89.5厘米
（广东留余斋藏）

六、罗锅枨形搭脑型

本型玫瑰椅的特点是搭脑近似罗锅枨形，有曲线变化。扶手三弯，而一般玫瑰椅搭脑和扶手基本是平直的。

1. 鸡翅木罗锅枨加矮老玫瑰椅

鸡翅木罗锅枨加矮老玫瑰椅（图4-76）特点：

（1）搭脑正视、俯视均为罗锅枨式，其下又置罗锅枨。座面下亦有罗锅枨。三处罗锅枨的重复形成节奏之美感。

（2）扶手后高前低，亦为半罗锅枨状。

（3）座面为硬屉落堂做。座面下四面直接直枨，直枨两端与左右腿交接，这也是一个闽作家具的特色。

（4）四腿较粗，收分较大。四腿间管脚枨为方材。

此椅虽个别构件并不完美精致，但整体协调，三弯形与罗锅枨构成的曲线组合十分优雅。

此椅为莆田仙游家具风格。

图4-76 清早期 鸡翅木罗锅枨加矮老玫瑰椅 长57.2厘米，宽44.5厘米，高88.9厘米（佳士得纽约有限公司，1994年12月）

2. 黄花梨灵芝纹玫瑰椅

黄花梨灵芝纹玫瑰椅（图4-77）特点：

（1）搭脑中间高平，两侧下凹，两端复高起。

（2）扶手前端三弯，联帮棍三弯。

（3）靠背下三分之一处置罗锅枨，下置一枚灵芝纹，这个灵芝纹
是闽作家具的符号。灵芝纹在闽作家具中有特殊的含义。由此，
不难将灵芝纹与螭龙口衔灵芝纹相联系。有一些清早期螭凤纹的
头上已出现灵芝形象，如黄花梨螭凤云头纹翘头案（图5-10）。
再后来，灵芝形象被独立出来，可另见黄花梨灵芝纹罗汉床（图
3-19）、黄花梨灵芝纹四面平条桌（图6-33）。

（4）两侧、后面管脚枨为罗锅枨式。前管脚枨下又置罗锅枨，上有两个
矮老。罗锅枨的重复使用，形成节奏。

这里的灵芝纹雕刻纹样和罗锅枨构件也表明其年份偏晚。

此椅出于莆田，现在还有两把同款软木玫瑰椅藏于莆田私人藏家手中。

图4-77 清早中期 黄花梨灵芝纹玫瑰椅
长57厘米，宽45厘米，高83厘米
（北京元亨利文化艺术示范馆藏）

图4-78-1　黄花梨灵芝纹玫瑰
椅的扶手

3. 黄花梨灵芝纹玫瑰椅

黄花梨灵芝纹玫瑰椅（图4-78）特点：

（1）搭脑中间高平，两侧低凹，为罗锅枨形。

（2）扶手前端下凹，为半个罗锅枨形。

（3）靠背内、扶手（图4-78-1）内各置券口，横牙板上雕拐子纹，竖牙板上雕拐子螭龙纹。

（4）靠背下端置罗锅枨，下置两枚灵芝纹卡子花，这两个灵芝纹与前例黄花梨灵芝纹玫瑰椅（图4-76）上的灵芝纹形态相同。扶手下端，亦置罗锅枨和灵芝纹卡子花。

此类灵芝纹和罗锅枨构件均表明其为闽作家具，年份偏晚。而此椅则为莆田仙游做工。漳州罗锅枨搭脑玫瑰椅轮廓线条更方硬。

图4-78　清早中期　黄花梨灵芝纹玫瑰椅
长57.5厘米，宽45.5厘米，高86.5厘米
（清华大学艺术博物馆藏）

七、上下双罗锅枨型

1．紫檀罗锅枨玫瑰椅

紫檀罗锅枨玫瑰椅（图4-79）特点：

（1）搭脑下为壸门牙板券口，横牙板上雕草芽纹，其两端下缘出尖牙纹。

（2）靠背中，在券口下部安横枨加矮老。扶手下亦安横枨加矮老。

（3）座面下三面罗锅枨抵边抹，两端与左右腿交接，替代牙板。这多见于闽作家具上。

（4）管脚枨下，三面罗锅枨替代牙板，与上面的罗锅枨呼应，形成节奏感，产生独特设计效果。这种造型手法在各类椅子上比较常见。

此式样在闽作家具中有制作。

图4-79　清早期　紫檀罗锅枨玫瑰椅

长55.5厘米，宽45厘米，高83.5厘米

（选自《风华再现：明清家具收藏展》，1999）

第七节 躺椅式

闽作躺椅主要可分为固定型和抽拉型。

一、固定型

1. 黄花梨螭龙纹躺椅

黄花梨螭龙纹躺椅（图4-80）特点：

（1）靠背分为两层框架，上层透雕一对螭龙纹，下层以短柱分隔，左右各雕螭龙纹。框架下置矮老。

（2）扶手较长，上层分左中右三格，中格透雕一对螭龙纹，左右两格各透雕一个螭龙纹（图4-80-1）。下层为矮老。扶手设计格局与靠背相呼应。

（3）座面下正面为三个攒框，其下为圆材券口。侧面为五个攒框，其下亦为圆材券口。

（4）扶手上的螭龙纹雕刻面目生动，身躯为多草叶式，呈正反螺旋状，回转圆润却道劲有力，代表闽作雕刻的一流水平。

此椅的座面下，大框之中套小框，形成圆材券口，这有助于我们判断同形态家具的产地。此椅发现于泉州，为闽作家具。

图4-80-1 黄花梨螭龙纹躺椅扶手上的螭龙纹

图4-80 清早中期 黄花梨螭龙纹躺椅
长74.9厘米，宽142.2厘米，高80.6厘米
（中国嘉德国际拍卖有限公司，2013年香港春季）

二、抽拉型

1. 紫檀竖棍躺椅

紫檀竖棍躺椅（图4-81）特点：

（1）形体瘦长，前后体可伸缩拉动。其做法也可以看作竖棍靠背型玫瑰椅的变体，原型如前几例竖棍靠背玫瑰椅。只是此椅座面进深加大，成为前后增大尺寸的长椅。

（2）前腿间置入一个可以移动的方凳，供主人使用时拉出，闲时可推入长椅座面下。

（3）靠背和扶手内套圆材方框，上层置单圆环卡子花，下层加竖棍。

（4）座面下置圆材券口。

（5）左右管脚枨下加罗锅枨。

此椅出自福建。其形态对于判断同形态家具的产地多有启发。

图4-81　清早中期　紫檀竖棍躺椅
长67.5厘米，宽98.5厘米，高101厘米
（香港两依藏博物馆藏）

211

第八节 扶手椅式

通常意义上,扶手椅属于清式家具。闽作扶手椅最突出特点是,它们应分别由宝座、罗汉床和多屏风镜台的形制演变而来:由上下一木连做变成上下身可拆分,上身由圆曲变成方直,由棍状构件或是板状构件变成屏风状。这些构成了清式椅子与明式椅子的重要区别和标志。闽作清式扶手椅多为五屏风围子。闽作家具中的清式扶手椅式样与苏式家具彻底分野,识别度极高。

一、扁圆头枕型

1. 鸡翅木福寿纹扶手椅

鸡翅木福寿纹扶手椅(图4-82)特点:

(1)上下身可以拆分。

(2)围子为五屏风式。正面靠背为三屏风式,其中间屏风上装心板,形成宽大的靠背板。靠背板四周浮雕粗线状拐子纹,面上打洼。在中上部,雕图案化的"美术体"寿字纹。其下为盛开的缠枝莲花纹,枝叶蔓卷。靠背两侧屏风和扶手的四扇屏风框内未装心板,四面仅仅饰以牙条,形成圈口。其他同类型的椅子上不乏屏风框中装心板者。

(3)靠背板上端置长扁圆形头枕,为闽作家具特点。其上浮雕一只张开翅膀的蝙蝠,所有边线均为洼面起线,有碗口线效果,其上多处点缀卷珠纹。蝙蝠纹与靠背板上的寿字纹构成"福寿双全"之意。

(4)从靠背到扶手,呈由中间向外侧递次变低之态。拐角均为柔和的圆角。

(5)椅盘冰盘沿下部内收较大,边起粗线。

(6)束腰打洼,与牙板一木连做。牙板上卷珠纹和回纹融为一体,也有打洼形态。

(7)四根方形管脚枨在一个水平线上,前腿上露明榫。内翻高马蹄足。

图4-82 清中晚期 鸡翅木福寿纹扶手椅
长50厘米,宽36厘米,高98厘米
(浙江浙商拍卖有限公司,2009年秋季)

2．紫檀螭凤螭龙纹扶手椅

紫檀螭凤螭龙纹扶手椅（图4-83）特点：

（1）上下身可以拆分，这是明式椅子与清式椅子的重要区别和标志。

（2）围子为五屏风式，正面围子为三屏风式。中间屏风上端置长扁圆形头枕，一木整挖，为闽作扶手椅标志。头枕面中间雕两对大小螭凤纹，构图对称。

（3）靠背中间屏风上雕正面螭龙纹，下镂侧首螭凤纹，构成"龙凤呈祥"之意。下端有亮脚，构成变化和通透形态。五屏风为双面工雕刻，背面上仍雕刻螭龙螭凤纹，间饰火珠纹（图4-83-1）。亮脚的壶门曲线也多见于闽作作品中。

（4）扶手心板内侧雕动感十足的螭凤纹，羽毛多重排列，节奏强烈鲜明。写实与写意手法均极高超，突显螭凤纹的身姿，翻卷曼妙。扶手心板外侧以螭龙螭凤纹串成环状纹饰，中间雕环状螭龙纹（图4-83-2）。

（5）扶手折角处雕回首螭龙头纹，呈口衔扶手状，代表着一种特殊的螭龙纹形态。

（6）洼堂肚牙板中间雕一对螭龙头纹，以菱形纹相隔。两侧螭凤纹相对而望，亦为"龙凤呈祥"的寓意，其上灵活运用卷珠纹。

（7）马蹄足方正，上镂回纹。

（8）前后左右四面方形管脚枨在同一水平线上，不是赶枨式。

细究此椅各部分纹饰形态特征：螭凤纹或如枝蔓婉转的花草，或如稚气可人的小鸟。卷珠纹密布于各个纹饰之上，亦可与拐子纹连接。整个纹饰构成螭龙螭凤相合，更多突显螭凤，有特定寓意。

由此椅的头枕可判断其为闽作家具。观察其纹饰，可知其年代为清中期。

图4-83-1 紫檀螭凤螭龙纹扶手椅靠背板背面的螭龙螭凤纹

图4-83-2 紫檀螭凤螭龙纹扶手椅扶手内侧的螭凤纹和外侧的螭龙纹

图4-83 清中期 紫檀螭凤螭龙纹扶手椅
长60.3厘米，宽47厘米，高94.5厘米
（中国嘉德国际拍卖有限公司，2019年春季）

二、独板靠背型

1.鸡翅木螭龙纹扶手椅

鸡翅木螭龙纹扶手椅（图4-84）为清宫旧藏，有明式家具遗风，同时又具有大量清式家具特点：

（1）靠背为独板。搭脑下雕一对螭凤纹，尖钩大嘴呈拐子状。其下正龙纹两侧上下透雕张嘴螭龙。多只螭龙昂首长嘶，孔武喧闹，瞠目而视，奇妙诡异。螭龙身尾均与方折拐子纹相连。中下方为"香炉形"团寿纹，呈"螭龙体"向"美术体"的过渡形态。纹饰上龙凤相应，大小螭龙纠合，是"螭龙螭凤""大小螭龙"的组合。

螭龙纹已拐子化，身上有圆形、方形阴线，方形阴线和拐子纹相关。

此椅多处透雕展现了清早期明式家具工艺之趣，纹饰也是清早期明式家具典型符号。

（2）扶手为独板，双面透雕大小螭龙纹。

（3）椅盘下饰螭凤纹角牙，为清中期风格。

（4）椅体上下身分体装，为清式扶手椅典型范式。

（5）前管脚枨、侧管脚枨均以齐肩榫与腿部相接，回纹马蹄足是清中期扶手椅腿足的标准符号。以上这些特征均为福建家具的特征。

此椅为漳州地区家具，同式样也见于我国西南地区。

图4-84 清中期 鸡翅木螭龙纹扶手椅
长66.5厘米，宽50.5厘米，高108.5厘米
（选自朱家溍：《故宫博物院藏文物珍品大系·明清家具》，
上海科学技术出版社，2002）

215

三、拐子纹靠背型

1．鸡翅木拐子纹扶手椅

鸡翅木拐子纹扶手椅（图4-85）特点：

（1）搭脑为罗锅枨形，两端攒拐子纹。

（2）上部形态为五屏风围子的简化体。靠背攒框分三段，上段装楠木板，中段装瘿木板，下段有亮脚。靠背板两边，上下分别攒拐子纹。每个完整的拐子纹，均由五截短料格角相接。

（3）扶手下，前后分别攒拐子纹。

（4）座面为硬屉，椅盘为冰盘沿，下压平线。束腰与牙板为一木连做。

（5）管脚枨与腿格肩相交。前后腿间置两根管脚枨，可见变异性。

此式样椅子是当时的流行式样。

此椅为福州地区制作。

图4-85　清中晚期　鸡翅木拐子纹扶手椅
长59厘米，宽46厘米，高100厘米
（北京少帅古韵藏）

2. 楠木卷珠纹扶手椅

楠木卷珠纹扶手椅（图4-86）特点：

（1）搭脑为罗锅枨形，两端与一截短材格角相接，为变体拐子纹。

（2）靠背攒框分三段。上段心板的长方形开光中，雕多个卷珠纹，形成抽象的图案，为变体正面螭龙头纹。中段心板落堂起鼓。下段有亮脚。

（3）靠背两边，上下攒简化体拐子纹。可见，原来鸡翅木拐子纹扶手椅（图4-85）拐子形态上的三截短材，变为一截短材。其尽端处雕卷珠纹。

（4）座面为硬屉，束腰打洼。

（5）牙板为"方裹方（包方）"形态，也俗称为"披肩式牙板"。其上浮雕卷珠纹，为演变体螭尾纹。

（6）前后左右管脚枨在同一水平线上，以尖头格肩榫与腿相接。这是闽地地域特征。

此椅为闽北地区制作。

图4-86 清晚期—民国 楠木卷珠纹扶手椅

长60厘米，宽48厘米，高101厘米

（北京少帅古韵藏）

图4-87-1 铁梨木鼓腿宝座的侧面围子

第九节 宝座式

一、独板围子型

1.铁梨木鼓腿宝座

铁梨木鼓腿宝座(图4-87)特点:

(1)正侧围子(图4-87-1)为三块独板。

(2)椅盘边沿为冰盘沿。束腰打洼,表明其年代偏晚。

(3)直牙板膨出,与腿圆角相交。

(4)四腿粗壮微弯,呈直腿与鼓腿的过渡形态。足部高大,内转有力。

图4-87 清中期 铁梨木鼓腿宝座
长96.5厘米,宽72厘米,高72.5厘米
(选自王世襄:《明式家具萃珍》,上海人民出版社,2005)

2．紫檀荷叶纹宝座

紫檀荷叶纹宝座（图4-88）特点：

（1）全器纹饰仿真荷叶荷花形象。靠背围子、扶手围子、牙板、腿足上雕刻朵朵莲花、片片荷叶，秾丽华美。

（2）搭脑、脚踏雕成展开的荷叶，上下左右四边内卷，十分生动。

（3）福建地区雕刻荷叶纹器物传统久远，遗物众多。如龙眼木荷叶纹托盘（图4-89），荷叶边内翻外卷，大头一端留叶蒂，托盘中间阴刻叶脉，叶脉清晰，十分自然。闽作家具中多见此类荷叶纹龙眼木之作。此宝座上的荷叶纹写实性的雕工与闽作家具中大量的龙眼木荷叶纹小件相近。其荷叶纹雕饰是认定其为闽作的重要依据。

有行家指出，在福州地区还有其他材质制作的荷叶纹罗汉床。其用料硕大，非木材进口口岸地区，不会出现此类作品。

图4-89　清　龙眼木荷叶纹托盘

长50.5厘米

（北京保利国际拍卖有限公司，2017年春季）

图4-88　清中期　紫檀荷叶纹宝座

（面）长98厘米，宽78厘米，高109厘米

（选自朱家溍：《故宫博物院藏文物珍品大系·明清家具》，上海科学技术出版社，2002）

图4-90-1 铁梨木螭龙纹弧形大边宝座座面前面的弧形大边

3. 铁梨木螭龙纹弧形大边宝座

铁梨木螭龙纹弧形大边宝座（图4-90）特点：

（1）三面围子均为独板，拍抹头。正面围子上沿两端微微下凹，呈不典型罗锅枨式曲线。侧面围子上沿呈半个罗锅枨式曲线。

（2）独板围子四边起宽厚的边线，呈落堂式，中间铲地浮雕一对大小螭龙纹。两个螭龙头部雕刻细腻，身姿婉转，大幅度弯曲扭动，此等纹饰极少见于铁梨木制品。大螭龙口衔的灵芝纹，亦有特殊含义。在明清家具纹饰自身的沿革变化中，从外界吸收来的灵芝纹被赋予了凤纹的含义。

（3）座面前面大边为弧形（图4-90-1），在本书中可见三件弧形大边椅子，另两件一是紫檀圆开光南官帽椅（图4-59），二是紫檀卷珠纹南官帽椅（图4-58）。可见弧形大边多见于闽作椅子上。

（4）座面面沿为混面，无线脚。矮束腰较靠里端。

（5）壸门牙板宽大，上雕对称螭尾纹，与围子上螭龙纹尾部形态一致。

（6）直腿高挑挺拔，使此椅超过常规椅子的上下身比例。内翻马蹄足硕大，坚实地托起全椅。

此宝座为闽作家具。

图4-90 清中期 铁梨木螭龙纹弧形大边宝座
长82.5厘米，宽64厘米，高82厘米
（中国嘉德国际拍卖有限公司，2017年春季）

二、攒接围子型

1. 紫檀攒拐子纹宝座

紫檀攒拐子纹宝座（图4-91）特点：

（1）此宝座以攒接拐子纹为总体特征。上部正侧三面攒成空透的屏风式围子。靠背以方木板与攒拐子纹组合，两块方木板处于中轴上，两旁各自八字形形态上，设计六块小方木板，木板上浮雕打洼团状双螭龙纹。

（2）座面面沿平直，下垛边。

（3）座面下，前面、侧面、背面均以拐子纹攒成屏风式样的腿，极为独特。座面下，正面的形式构成为中间上部攒拐子纹，形成横带状牙板，中心方木板上浮雕螭龙纹；左右两边以攒拐子螭龙纹为腿。

（4）除团螭龙纹打洼这一特点外，螭龙头上和拐子端部均有卷起的方点，这在漳州地区家具上存在。

（5）足下有地平。

此宝座充分发挥了攒拐子纹作为看面的手法，只是看面略显疏松。在清中期，此类制作自成一脉，别例可见紫檀螭龙头纹多宝格（图2-11）等。

此宝座带有闽作家具特征。现在，在福州人家中还收藏着一个鸡翅木宝座，形制与其相近。

图4-91　清中期　紫檀攒拐子纹宝座

长126厘米，宽104厘米，高118厘米

（选自朱家溍：《故宫博物院藏文物珍品大系·明清家具》，上海科学技术出版社，2002）

第十节 凳墩式

凳墩类坐具主要包括方凳、圆凳、鼓凳（鼓墩）、条凳、马扎。
大体量之禅凳交叉归属于其中。

一、方凳型

许多方凳的形态与方桌大致相近，相似的在此不再过多表述。

1．黄花梨罗锅枨长方凳

黄花梨罗锅枨长方凳（图4-92）特点：

（1）凳盘为冰盘沿，下压窄边线。

（2）牙板微膨，与直腿小圆角相交，边起皮条线，线外铲地。

（3）内翻马蹄足硕大，有坚实的支撑感。

（4）罗锅枨光素，以齐肩榫与腿相接。

此式样凳造型简洁，结构合理，工整精致，多见于闽作家具中。

图4-92 清早期 黄花梨罗锅枨长方凳
长60.5厘米，宽53厘米，高49厘米
（广东留余斋藏）

2. 黄花梨罗锅枨高马蹄足长方凳

黄花梨罗锅枨高马蹄足长方凳（图4-93）特点：

（1）凳盘为冰盘沿，下压窄边线。束腰与牙板一木连做。

（2）牙板与直腿小圆角相交，起边粗线，线外铲地。

（3）内翻马蹄足（图4-93-1）硕大，属于高马蹄足。

（4）光素的罗锅枨与腿以齐肩榫相接。

此式样长方凳见于闽作家具中，为莆田仙游工。

图4-93-1 黄花梨罗锅枨高马蹄足长方凳的高马蹄足

图4-93 清早中期 黄花梨罗锅枨高马蹄足长方凳

长69.8厘米，宽63厘米，高47厘米

（中贸圣佳国际拍卖有限公司，2015年秋季）

3. 黄花梨拐子纹方凳

黄花梨拐子纹方凳（图4-94）特点：

（1）牙板下两端置拐子式角牙，中间连以小牙条，其上浮雕回纹。

（2）四腿为弯腿，足内翻，大料为之，可以称为方凳上的小挖马蹄足。

螭龙纹是明式家具中的主流纹饰，它在清式家具上变为拐子纹，拐子纹与螭龙纹具有源流关系。大量清式家具角牙上的拐子纹为螭龙纹变体。

北京故宫博物院藏《十二美人图》绘于清康熙末年。其中第十二幅图美人身后的紫檀多宝格（图2-13）上已出现拐子式牙子，表明拐子式牙子起码在当时已经使用。

此式样凳子为闽南漳州家具，兼有广作家具风格。

图4-94　清早中期　黄花梨拐子纹方凳
长64厘米，宽64厘米，高55厘米
（选自北京市文物局：《北京文物精粹大系·家具卷》
北京出版社，2003）

4. 黄花梨三弯腿长方凳

黄花梨三弯腿长方凳（图4-95）特点：

（1）凳面为软屉。边抹冰盘沿上打洼线，下压窄线。

（2）凳面下有矮束腰，与壶门牙板一木连做。牙板与三弯腿大圆角相交，曲线优美。牙板上略雕纹饰，为卷珠草芽纹（图4-95-1），此纹的年代较晚。

（3）三弯腿上直下弯，上粗下细。

（4）足厚大，雕内卷云纹。腿间以罗锅枨相连。

此式样凳子闽苏两地共有，多见于闽作家具中。

图4-95-1 黄花梨三弯腿长方凳牙板上的卷珠草芽纹

图4-95 清早中期 黄花梨三弯腿长方凳

长53.5厘米，宽45厘米，高50.5厘米

（苏富比纽约有限公司，1996年3月）

图4-96-1　黄花梨霸王枨方凳足端上的卷云纹

5. 黄花梨霸王枨方凳

黄花梨霸王枨方凳（图4-96）特点：

（1）凳面为软屉。边抹为冰盘沿，下压窄线。

（2）凳面下有矮束腰，与壶门牙板一木连做。牙板两端下沿各有两个牙纹，牙板与三弯腿大圆角相交。

（3）三弯腿上直下弯，下端渐渐细瘦。霸王枨支撑四腿。

（4）足端增大体量，上雕卷云纹（图4-96-1）。硕大的足端增加了力量感，也与上部相平衡。

此式样凳子见于闽作家具中。

图4-96　清早中期　黄花梨霸王枨方凳

长55.5厘米，宽55.5厘米，高52厘米

（选自王世襄：《明式家具珍赏》，文物出版社，2003）

6. 黄花梨双环卡子花方凳

黄花梨双环卡子花方凳（图4-97）特点：

（1）凳盘边抹为混面，垜边厚度略薄。罗锅枨厚度略同于边抹，形成变化的多层看面。

（2）罗锅枨为裹腿做法。

（3）垜边与罗锅枨间安两组双环卡子花（图4-97-1），双环卡子花相套紧密。

此式样凳子见于莆田仙游家具中。

图4-97-1　黄花梨双环卡子花方凳上的双环卡子花

图4-97　明末清初　黄花梨双环卡子花方凳

长63.8厘米，宽63.8厘米，高51.4厘米

（选自罗伯特·雅各布逊：《明尼阿波利斯艺术馆藏中国古典家具》，明尼阿波利斯艺术馆，1999）

7. 黄花梨扁圆卡子花方凳

黄花梨扁圆卡子花方凳（图4-98）特点：

（1）凳面为软屉。凳盘混面，其下垛边一层，两者等厚。

（2）直枨裹腿，略厚于凳盘和垛边。其上中间置矮老，所
分二格中，各有一个扁圆卡子花。

此式样凳子见于闽作家具中。

图4-98　清早期　黄花梨扁圆卡子花方凳

长63厘米，宽63厘米，高52.5厘米

（中国嘉德国际拍卖有限公司，2013年香港春季）

8．黄花梨拐子螭龙纹四面平方凳

黄花梨拐子螭龙纹四面平方凳（图4-99）特点：

（1）凳身为四面平式。边抹平直，下接牙板。

（2）牙板为壸门式的变体，下沿曲线方折多变。面上中心雕一对方折拐子纹（图4-99-1），强烈表现出清中期的年代风貌，为清早期螭尾纹的发展变化形态。其两旁为螭龙纹（图4-99-2），尾巴为拐子纹，尾尖如钩。

（3）腿中部出牙纹，面上雕拐子纹。

（4）马蹄足上雕回纹。

此式样凳子于闽作家具、广作家具中均有制作，更偏广作风格。

图4-99-1　黄花梨拐子螭龙纹四面平方凳牙板上的拐子纹

图4-99-2　黄花梨拐子螭龙纹四面平方凳牙板上的螭龙纹

图4-99　清中期　黄花梨拐子螭龙纹四面平方凳
长66厘米，宽66厘米，高54厘米
（选自邓南威：《隽永姚黄：中国明清黄花梨家具》，生活·读书·新知三联书店，2016）

9. 黄花梨无牙板四面平禅凳

黄花梨无牙板四面平禅凳（图4-100）特点：

（1）凳身为四面平式。边抹下无牙板。

（2）边抹与四腿以棕角榫相接。

（3）边抹与四腿面均为指壳圆。

（4）直腿上宽下窄。马蹄足硕大，内翻，足尖上翘。

（5）腿间置罗锅枨，枨两端为喇叭口状（图4-100-1），用材豪奢。

此式样凳子出于闽地。闽地椅凳中，有硬屉的，也有许多软屉的，
包括此式凳子。

图4-100-1 黄花梨无牙
板四面平禅凳罗锅枨的喇
叭口状端部

图4-100 清早期 黄花梨无牙板四面平禅凳
长71厘米，宽59.5厘米，高47厘米
（中贸圣佳国际拍卖有限公司，2016年春季）

10. 花梨木瓜棱腿方凳

花梨木瓜棱腿方凳（图4-101）特点：

（1）四腿为双混面（劈料）式，这是闽作瓜棱腿的基本式样。

（2）凳面为藤编软屉，面沿为双混面。

（3）腿间上端置双混面罗锅枨，上抵边抹，曲线柔缓。这又是闽作家具上以罗锅枨替代牙板的常用手法。

（4）四腿中部又置双混面罗锅枨，曲线柔缓，如上方的罗锅枨。

双混面形态成为此凳上统一的视觉要素，也是一种固定的制作语法。

图4-101 清早中期 花梨木瓜棱腿方凳
长67厘米，宽67厘米，高57厘米
（选自朱家溍：《故宫博物院藏文物珍品大系·明清家具》，上海科学技术出版社，2002）

11. 紫檀双牙云纹卡子花禅凳

紫檀双牙云纹卡子花禅凳（图4-102）特点：

（1）横截面长宽各为60厘米，大于常规座凳，一般称为禅凳，为打禅之用。

（2）边抹冰盘沿形成喷面。它与直牙板相交处形成凹线。

（3）四腿间置直横枨，枨上中间置双牙云纹卡子花（图4-102-1）。横枨两端下置半个卷云纹牙头。

双牙云纹卡子花、卷云纹牙头等符号均表明此凳为闽作家具。

图4-102-1 紫檀双牙云纹卡子花禅凳直枨上的双牙云纹卡子花

图4-102 清早期 紫檀双牙云纹卡子花禅凳
长60厘米，宽60厘米，高51厘米
（中贸圣佳国际拍卖有限公司，2018年春季）

12. 鸡翅木罗锅枨方凳

鸡翅木罗锅枨方凳（图4-103）特点：

（1）凳面为独板，出明榫头，混面上下压线。

（2）四腿八挓，外圆内方。

（3）座面下牙板牙头一木连做。牙板为洼堂肚式，牙头为钩云式。

（4）正面腿间置飘肩榫管脚枨。侧面（图4-103-1）腿间置齐肩榫罗锅枨，罗锅枨单面各起四条棱线，共八条棱线，这与黄花梨八棱形四出头官帽椅（图4-22）的棱线处理有共同之处。

此凳为福建北部地区制作。

图4-103-1　鸡翅木罗锅枨方凳的侧面

图4-103　清中期　鸡翅木罗锅枨方凳

长33厘米，宽32.5厘米，高50厘米

（北京私人藏）

233

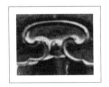

图4-104-1 紫檀
双牙夹珠纹长方凳
上的双牙夹珠纹

13. 紫檀双牙夹珠纹长方凳

紫檀双牙夹珠纹长方凳（图4-104）特点：

（1）凳面为委角长方形，面沿为混面。

（2）束腰两端有委角，面上浮雕鱼门洞形纹。其下有小托腮。

（3）牙板中部浮雕两个双牙夹珠纹（图4-104-1），这是闽作家具上的典型符号。

（4）鼓腿中段出牙纹，与牙头相接。腿面委角。

（5）马蹄足内翻。罗锅枨式方托泥亦有委角，其下有龟足。

图4-104 清中期 紫檀双牙夹珠纹长方凳
长45厘米，宽35厘米，高48.9厘米
（佳士得纽约有限公司，2011年9月）

二、圆凳型

明式家具中，闽作圆凳代表性遗物不多，此处仅举两例。

1. 黄花梨独板面圆凳

黄花梨独板面圆凳（图4-105）特点：

（1）凳面为独板。黄花梨独板面圆凳多见于闽作家具。

（2）凳面下有矮束腰。洼堂肚牙板宽大，与四腿圆角相交。

（3）鼓腿外膨，足端厚大。

（4）腿间上部两根罗锅枨十字相交。

此凳为厦门、漳州等地做工，又有些偏广式风格。闽地鸡翅木、楠木、松木同式制品很多。在漳州与潮汕一带，还有同式大漆制品。

图4-105　清早中期　黄花梨独板面圆凳
高46.7厘米（长宽不详）
（选自叶承耀、伍嘉恩：《燕几衍榻：攻玉山房藏中国古典家具三》，香港中文大学文物馆）

2. 黄花梨独板面螭尾纹圆凳

黄花梨独板面螭尾纹圆凳（图4-106）特点：

（1）凳面为独板，这是明显的闽作家具特色。

（2）凳面下为矮束腰。壶门牙板上雕螭尾纹，牙板与四腿圆角相交。

（3）四腿三弯，足端厚大。

（4）腿间上部两根罗锅枨十字相交。

此凳有闽地做工风格，与铁梨木五足香几（图7-4）有异曲同工之态。

图4-106 清早中期 黄花梨独板面螭尾纹圆凳
长39厘米，宽39厘米，高48.5厘米
（中国嘉德国际拍卖有限公司，2016年秋季）

三、鼓凳（鼓墩）型

从明末至清末民国，黄花梨、紫檀、红木的鼓凳（鼓墩）制作从未中断过。虽然其主流形态变得越来越繁复，但简洁形态的鼓凳一直有制作。其稳定性强，作品极多，以至分期断代十分困难。

1. 黄花梨直牙板鼓凳

黄花梨直牙板鼓凳（图4-107）特点：

（1）凳身四开光。弯曲的扁担式四足与牙板格角相交。四足上下基本同宽，凳身瘦长。

（2）开光上下沿浮雕弦纹和鼓钉纹。

此式样鼓凳在闽苏两地均有制作。

2. 黄花梨洼堂肚牙板鼓凳

黄花梨洼堂肚牙板鼓凳（图4-108）特点：

（1）凳盘下为膨牙鼓腿。

（2）牙板呈洼堂肚式，与四腿圆角相交，造就了开光内上下内凹、左右外凸的视觉效果，丰满而有张力。在设计上，此种开光较之多见的横竖直线形的开光是一种变化。

此式样鼓凳在闽苏两地均有制作。

图4-107　清早中期　黄花梨直牙板鼓凳
长40.6厘米，宽40.6厘米，高47厘米
（佳士得纽约有限公司，1997年9月）

图4-108　清早期　黄花梨洼堂肚牙板鼓凳
长38厘米，宽38厘米，高47厘米
（佳士得纽约有限公司，1996年9月）

四、条凳型

1. 龙眼木钩云纹条凳

龙眼木钩云纹条凳（图4-109）特点：

（1）凳面为独板，虎皮纹绚丽，冰盘沿下压打洼边线。

（2）牙板两端出圆牙纹，牙头挖出为钩云纹，边起粗线。

（3）四腿八挓，前后挓度尤为夸张。腿上有明榫和多条线饰。

（4）前后腿间置罗锅枨。

其龙眼木独板、钩云纹牙头、侧面腿间罗锅枨等，都具有莆田仙游、泉州、漳州等地做工的典型特点。

图4-109 清早中期 龙眼木钩云纹条凳（局部）
长192.7厘米，宽23.2厘米，高47.6厘米
（佳士得纽约有限公司，2015年3月）